Blöcke und Kokillen

Von

A. W. und H. Brearley

Deutsche Bearbeitung

von

Dr.-Ing. F. Rapatz

Mit 64 Abbildungen

W. Beye Smits
Nordshäuser Str. 11
Kassel-Wilh. Tel. 30001

Berlin
Verlag von Julius Springer
1926

ISBN-13:978-3-642-89252-3   e-ISBN-13:978-3-642-91108-8
DOI: 10.1007/978-3-642-91108-8

Alle Rechte vorbehalten.
Softcover reprint of the hardcover 1st edition 1926

Vorwort.

Da es sehr wenig deutsche Veröffentlichungen über das wichtige Gebiet des Gießens und der damit verbundenen Fragen gibt, bestand das Bedürfnis das von A. W. und H. Brearley herausgegebene Buch »Ingots and Ingot Moulds« auch in deutscher Ausgabe erscheinen zu lassen.

Um ein solches Buch zu schreiben, muß man die besten theoretischen Werkstoffkenntnisse haben und gleichzeitig praktischer Stahlwerker sein, zwei Umstände, die sehr selten zusammentreffen. Die beiden Verfasser haben die Aufgabe, diese Fragen nach dem neueren Stand der Forschung darzustellen, ausgezeichnet gelöst.

Es ist zu erwarten, daß manche Leser den Verfassern nicht in allen Dingen zustimmen werden; das Gebiet ist eben längst noch nicht erforscht, und man darf sich nicht wundern, wenn an verschiedenen Orten durchgeführte Versuche verschiedene Ergebnisse zeitigen. Die Schwierigkeit der Versuche liegt darin, immer dieselben Versuchsbedingungen zu schaffen. Auch der deutsche Bearbeiter kann sich nicht in allem der Meinung der Verfasser anschließen. Insbesondere glaubt er, daß sie den Einfluß der Transkristallisation zu sehr hervorgehoben haben. Auch bezüglich der Gießtemperatur scheint es, daß man die Schäden hoher Gießtemperaturen nicht zu sehr übertreiben darf.

Die Versuche mit Wachsblöcken kann man natürlich nicht immer ohne weiteres auf Stahl übertragen, jedoch sind sie gewiß sehr lehrreich, und die Erfahrungen, die man mit ihnen macht, können mancherlei Anregungen für das Gießen von Stahlblöcken geben.

Man kann nicht fehlgehen, wenn man annimmt, daß dieses Buch sowohl dem praktischen Stahlwerker, wie den Werkstoffprüfern der Stahl erzeugenden und auch der Stahl abnehmenden Industrie sowie den Studierenden gute Dienste leisten wird.

Düsseldorf, Stahlwerk Gebr. Böhler, Juni 1926.

Dr.-Ing. F. Rapatz.

Inhaltsverzeichnis.

	Seite
I. Einführung	1
II. Transkristallisation und ihre Folgen	4
III. Lunkern und Schwinden	10
IV. Gießtemperaturen	20
V. Kokillen	29
1. Behandlung der Kokillen	29
2. Dicke und dünne Kokillen	33
3. Verjüngung der Kokille nach oben oder unten	39
4. Die Form der Kokillen	48
5. Kosten und Haltbarkeit der Kokillen	58
VI. Gießverfahren	61
1. Das Gießen von oben	63
2. Gießen im Gespann	72
3. Warme Hauben	79
VII. Fehlerfreie Blöcke	85
VIII. Gasblasen	99
IX. Seigerungen	105
X. Schlackeneinschlüsse	113
XI. Der Einfluß von Fehlern im Block auf geschmiedeten Stahl	122
1. Hohlräume und Seigerungen	122
2. Zeilen und Faser	127
3. Kristallanordnung	133

Berichtigungen.

S. 27, Letzte Zeile der Zahlentafel lies: „(fehlerfrei)" — statt „(fehlerhaft)"
S. 29, Zeile 13 von unten: lies: „Zerspanung" — statt „Zerspannung"
S. 31, Zeile 14 von oben: lies „Blockfehlern" — statt „Blockseigerungen"
S. 62, Zeile 4 von oben: lies „Gießpfannengröße" statt „Gießpfannen"
S. 91, Zeile 13 von oben: lies „Primärkristallitbegrenzung" — statt „Primärkristallitebene"
S. 92, Zeile 5 von oben: lies „Kokillenhälften" — statt „Kohlenhälften"

I. Einführung.

Um die Bedingungen zu erfahren, unter denen gute oder schlechte Blöcke erzeugt werden, gibt es kein Mittel, das so lehrreich ist, als unter genau festgelegten Änderungen des Erzeugungsganges Blöcke zu gießen und sie nachher zu durchsägen oder zu brechen, um sie auf ihr Bruchaussehen und auf Fehlstellen zu beobachten.

Der alte englische Tiegelstahlmann hatte dadurch sehr gute Gelegenheit für solche Beobachtungen, da er regelmäßig den Oberteil bis unterhalb des Lunkers oder soweit noch irgendein Fehler sichtbar war, abschlug.

Er kannte alle Vorteile beim Gießen, war mit dem Zustand der Kokille vertraut und sah täglich eine große Anzahl von Blöcken, von denen nahezu die ganze obere Hälfte abgeschlagen war. Sein Auge war deshalb geschult, geringe Unterschiede im Aussehen der Bruchfläche zu erkennen. Diese Schulung war zweifellos gründlich, aber schwierig, und derjenige, der jetzt durch eigene Beobachtung Blöcke kennen lernen will, hat nicht mehr so gute Gelegenheit dazu, da heute Blöcke selten bruchsichtig gemacht werden.

Dadurch entsteht die Notwendigkeit, durch ein rascheres Verfahren zu lernen, denn bei der Erzeugung großer Blöcke, wie sie heute allgemein geworden ist, sind die Folgen von Fehlern noch ernster als bei kleinen. Um die Veränderungen kennen zu lernen, die während des Gießens und des darauffolgenden Erstarrens stattfinden, ist es ohne Zweifel das verläßlichste, mit Stahl selbst Versuche zu machen. Diese Versuche erfordern aber besondere Anlagen, und flüssiger Stahl ist ein teurer und auch gefährlicher Stoff. Außerdem gibt es noch kein Verfahren, um mit hinreichender Genauigkeit die Temperatur[1]) des geschmolzenen Stahles zu

---

[1]) Dies ist wohl dahin richtig zu stellen, daß die neuzeitlichen optischen Pyrometer genügend genaue Messungen gewährleisten. Selbst wenn man wegen der Unzuverlässigkeit der Korrekturen die absoluten Temperaturen nicht ganz genau weiß, so sind die erhaltenen Werte als Vergleichszahlen vollkommen zureichend.

messen, und schließlich wäre auch das Sägen und Brechen der Blöcke kostspielig und schwierig. Es bestände also wenig Aussicht, durch Versuche alles zu lernen, was über das Gefüge und die mechanischen Eigenschaften der Blöcke wissenswert ist, wenn man nicht einen leichter zu handhabenden Werkstoff verwendet, der sich im Hinblick auf die Versuchszwecke im allgemeinen wie Stahl verhält. Unter den in Betracht kommenden Stoffen eignet sich besonders Stearin. Mit einigen Kilogramm dieses Stoffes, einer Kochpfanne, einem Becherglas, einem Bunsenbrenner, einem kleinen Brenner, einigen Gußformen aus Zinnblech, kann man bei etwas Ausdauer, die bei Stahlblöcken herrschenden Gesetze deutlich machen und in mancher Hinsicht erweitern und richtig stellen.

Es ist mit der Zweck dieses Buches, den Gebrauch von Stearin (oder eines andern niedrig schmelzenden Körpers) für Unterrichtszwecke zu besprechen und zu zeigen, wie es angewandt werden soll, um eine Reihe von Fragen, die Blöcke und Kokillen betreffen, klarzulegen, mit sehr geringen Kosten und mit völliger Gefahrlosigkeit die Bildung von Lunkern, Schwindungshohlräumen zu studieren, ebenso den Einfluß der Gestalt und der Abmessung der Kokillen, den Vorteil von Warmhauben, den Einfluß der Gießtemperatur auf die Entstehung von Fehlern und auf die Festigkeit der Blöcke, und schließlich die Anordnungen und die Folgen der Seigerungen.

Wenn man die Versuchsergebnisse vorsichtig auslegt, kann man Stearin (oder einen anderen niedrig schmelzenden Körper) dazu gebrauchen, die Vorteile der verschiedenen Verfahren, die für die Erzeugung fehlerfreier Blöcke empfohlen werden, darzustellen. Ebenso können diese Versuche in der Gießereipraxis von Nutzen sein, um die Ursachen und Folgen von Rissen, den Wert von Warmhauben und die Fehler, die in Gußstücken von bestimmter Form unbedingt vorhanden sein müssen, zu zeigen.

Stearin. Reine Stearinsäure schmilzt bei ungefähr 70° C. Käufliches Stearin, das der feste Bestandteil gewisser Fette ist, von denen der flüssige Anteil durch Auspressen abgesondert wird, haben je nach Herkunft einen zwischen 50—54° C schwankenden Erstarrungspunkt.

Es ist deshalb ratsam, so viel auf einmal zu kaufen, wie für eine geplante Versuchsreihe notwendig ist und davon eine genaue Schmelzpunktbestimmung zu machen.

Die Verfasser haben ein Stearin verwendet, das genau bei 54° C schmilzt. Irgendeine Veränderung des Erstarrungspunktes nach mehrmaligem Umschmelzen wurde nicht wahrgenommen. Für die Veranschaulichung der Transkristallisation ist verseiftes Stearin besonders geeignet.

Gußformen. Diese können aus verzinktem Eisenblech, aus Messing oder Hartkupferblech hergestellt sein. Für quadratische Formen ist eine Seitenlänge von 25 cm oben und 42 cm unten bei etwa 130 cm Höhe sehr geeignet. Runde Formen in ähnlicher Größe werden aus demselben Werkstoff hergestellt. Für größere Formen kann anstatt Blech, Gips, Sand, Holz oder Pappe verwendet werden. Für Versuchsreihen sollen die Formen nicht zu groß sein, weil man dann zu viel Wachs braucht und die Blöcke zum Abkühlen zu lange Zeit brauchen. Andererseits sollen die Blöcke auch nicht zu klein sein, weil dann Lunker und Schwindungserscheinungen undeutlich werden.

Die Innenseite der Form kann, um Hängenbleiben zu vermeiden, befeuchtet werden; jedoch ist dieses Mittel nicht anzuwenden, wenn die Blöcke auch ohne Befeuchtung leicht aus der Form entfernt werden können. Ein Bestreichen mit Federweiß mag gegen das Hängenbleiben gebraucht werden. In schwierigen Fällen, besonders bei parallelwandigen Formen, kann man den Block dadurch ablösen, daß man nach Zudecken des offenen oberen Teiles die Form noch kurze Zeit in Wasser von ungefähr 60° C eintaucht.

Schmelzen. Stearin kann durch Einhängen eines Becherglases oder eines emaillierten Topfes in einem Eimer, in dem sich heißes Wasser befindet, geschmolzen werden. Um größere Mengen bis zu 100 kg zu schmelzen, hat der Verfasser einen gasgefeuerten Hausbrandofen verwendet.

Brechen und Sägen. Stearinblöcke können gewöhnlich so durchschnitten werden, daß man zuerst in der gewünschten Richtung eine scharfe Kerbe macht und dann entweder ein großes Taschenmesser oder Tischmesser als Keil verwendet. Einige scharfe Schläge auf den Messerrücken genügen gewöhnlich, daß sich von der Schneide aus ein tiefer Riß bildet. Wenn man auf das Bruchaussehen keinen Wert legt, so ist eine Handsäge sehr nützlich. Ganz dünne Schichten können so hergestellt werden, daß man einen abgesägten Streifen mit einem Handhobel abhobelt. Um die sehr heikle Zurichtung von durchsichtigen Schnitten zu erleichtern, kann man die Stearinscheibe vor dem Hobeln auf Glas aufkleben. Beim Hobeln gewöhnlicher Schnitte verwendet man zweckmäßig eine Holzplatte mit einem größeren Vorsprung an einer Seite, um das Rutschen über den Tisch zu vermeiden, und einen kleineren Vorsprung auf der anderen Seite, damit die Scheibe sich mit dem Hobel nicht mitbewegt.

II. Transkristallisation und ihre Folgen[1]).

Wenn Stahl oder ein anderer kristallinischer Körper in eine Form gegossen wird, so beginnt das Erstarren, vorausgesetzt, daß der betreffende Körper beim Eingießen flüssig genug ist, von der Oberfläche der Gußform aus. Bei der gußeisernen quadratischen Kokille tritt die Erstarrung in den vier Ecken viel rascher ein, als irgendwo anders und die Kristalle, die dort oder in der Nähe davon liegen, sind infolge der raschen Erstarrung verhältnismäßig klein. Die Kristalle, die in mittlerer Höhe des Blockes von der Gußform aus wachsen, werden seitlich von Nachbarkristallen im Wachstum gehindert, während ihr Wachstum nach innen in die flüssige Masse hinein nicht beengt ist; sie werden also lang und schmal aussehen. Die Kristalle, die sich von der Seitenfläche der Kokille aus bilden, begegnen, vorausgesetzt, daß die Masse

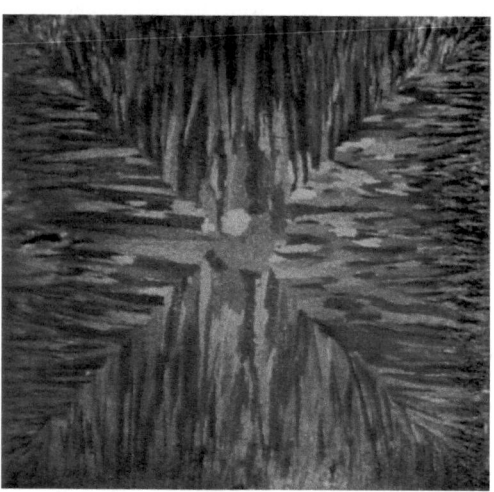

Abb. 1. Geätzter Schnitt durch einen Chromstahlblock.

---

[1]) Der Einfachheit halber werden wir von Zeit zu Zeit schematische Annahmen machen und dabei hoffentlich keine Irrtümer hervorrufen.

flüssig bleibt, Kristallen, die von der nebenanliegenden Seitenwand aus wachsen. Der Bereich der Kühlwirkung jeder Gußform mit quadratischem Querschnitt ist an der polierten und geätzten Probe oder an der Bruchfläche als Diagonale sichtbar. An Abb. 1, die einen Schnitt durch den Chromstahlblock darstellt, ist dies deutlich gemacht.

Auf dieselbe Weise wachsen vom Boden der Form, wenn er eben ist, Kristalle nach oben, bis diejenigen Kristalle getroffen werden, die von dem unteren Teil der Seitenwand ausgehen, und die Kristalle, die auf diese Weise im rechten Winkel zueinander wachsen, stoßen an Ebenen einer vierseitigen Pyramide zusammen. In ähnlicher Weise hat die Kühlwirkung der Luft zur Folge, daß von der freien Oberfläche aus Kristalle nach unten wachsen, bis sie in die Begrenzungsfläche einer Pyramide gelangen. Letzteres geschieht aber nur dann, wenn die Abkühlung rasch vor sich geht und nicht durch Lunker oder Seigerungserscheinungen gestört wird.

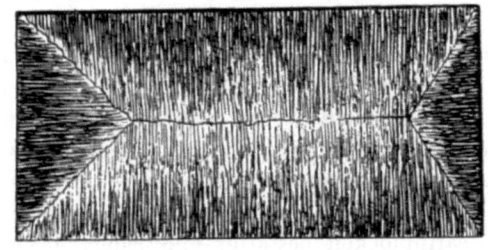
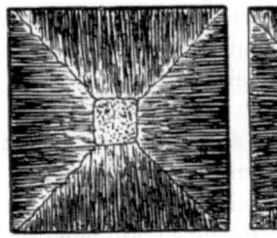
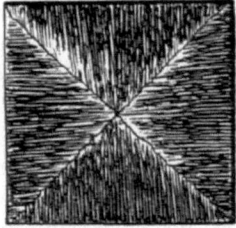

Abb. 2a—c. Schema des Kristallwachstums in Blöcken.

Die nachfolgenden Abbildungen zeigen in skizzenhafter Weise die Anordnung der Kristalle, wie sie sich aus den obigen Betrachtungen ergibt. Abb. 2a ist ein Längsschnitt parallel zur Seitenwand der Form. Abb. 2b und c stellen Querschnitte senkrecht auf die Blockachse dar und zwar 2b in der Nähe des Bodens und 2c in größerem Abstand davon. Die Höhe der Pyramide im Blockfuß ist selbstverständlich ein Maß für die Kühlwirkung des Formbodens im Vergleich zur Kühlwirkung der Wände und kann, wie aus dem später folgenden ersichtlich ist, im günstigen Sinne beeinflußt werden.

Die Diagonalen in Abb. 1 und 2 sind Linien größter Schwäche, teils weil sie Berührungslinien zwischen in verschiedenen Richtungen gewachsenen Kristallgruppen sind, teils weil dort diejenigen Gebiete liegen, die später erstarren und infolgedessen reich an Seigerungen und Verunreinigungen sind. Es setzen sich dort leicht längliche Gasblasen fest, auch sind es diejenigen Stellen, wo sich, durch Schrumpfungsspannungen verursachte Hohlräume befinden. Der Einfluß von Seigerungen und Schwindungshohlräumen erklärt zum größten Teil die an den Diagonalen liegenden schwachen Stellen und es ist nicht möglich zu sagen, wieviel, abgesehen von diesen beiden Einflüssen, allein der Kristallanordnung zuzuschreiben ist.

Diese allgemeinen Angaben können leicht durch Gießen von Stearinblöcken bestätigt und jederzeit vorgeführt werden.

1. **Versuch.** Man gieße zwei oder drei quadratische Blöcke aus Stearin, dessen Temperatur $6-8°$ C über dem Erstarrungspunkt liegt. Die erkalteten Blöcke können leicht mit der Hand gebrochen werden und haben an der Bruchfläche ein Aussehen, wie es in Abb. 1 gezeigt wurde.

2. **Versuch.** Nun mache man seitlich am Block, senkrecht zu seiner Achse, mit dem Taschenmesser zwei, $2-3$ cm voneinander entfernt, Kerben und breche Stücke ab. Wenn man solche Stücke in zwei Hälften sägt, die eine Hälfte in die Hand nimmt, die Messerschneide irgendwo an einer der zwei kurzen Seiten ansetzt und parallel zur früheren Schnittrichtung drückt, so pflanzt sich ein Anriß fort, bis er an der Diagonalfläche zum Stillstand kommt. Diese Fläche hat im Gegensatz zu den glänzenden, langstrahligen Kristallen ein mattes Aussehen. Dann nehme man ein anderes Stück, entferne eine der Ecken und presse das Messer auf die in der Mitte der Bruchfläche befindlichen weißen Linie, so bildet sich von dort aus entlang der Diagonale ein Riß.

Aber nicht nur längs der Diagonalflächen, sondern auch in der Richtung der Transkristallisation senkrecht auf die kühlende Formwand lassen sich Stearinblöckchen leicht spalten. So kann man den Block der Länge nach trennen, wenn man die Messerschneide in der Mitte einer der Seitenflächen anpreßt. Es entsteht dann ein Bruch, wie er in Abb. 2a zu sehen ist.

3. Versuch. Man breche einen Block quer, 2—3 cm vom Boden entfernt, dann drücke man die Messerschneide nacheinander auf die vier Seitenflächen und verdrehe die Schneide beim Andrücken etwas nach oben, wobei man nur dünne Schichten abnimmt und den Vorgang wiederholt. Dabei findet man, daß die oberen Schichten bis zur Mitte durchbrechen, später erscheint, wenn man ein stärkeres Andrücken des Messers sorgfältig vermeidet, eine Pyramidenspitze, die allmählich größer wird, je mehr Schichten abgehoben werden. Sehr bald haben wir ein Gebilde vor uns, wie es auf Abb. 3 zu sehen ist, und schließlich bleibt nur eine vierseitige Pyramide übrig.

Aus diesen Versuchen ist ersichtlich, daß alle Körper, die wie Stearin kristallisieren — und Stahl gehört dazu — beim Erstarren in einer quadratischen Gußform eine Anzahl von geschwächten Flächen, entwickeln. Die regelmäßige Anordnung der langstrahligen Kristalle ermöglicht es, den Block senkrecht zu den Seitenwänden oder auch parallel oder senkrecht zur Blockachse zu spalten.

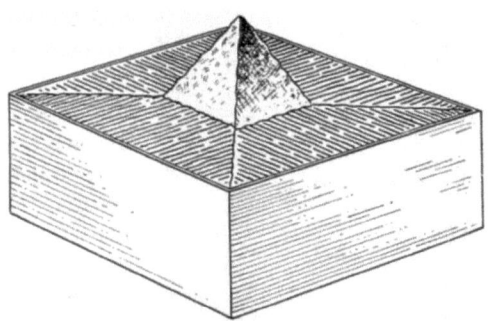

Abb. 3. Teilweise bloßgelegte Bodenpyramide in einem Stearinblock.

Die Form der Kokille ist für das Verhalten des Werkstoffes bei der Warmverarbeitung von großem Einfluß. In einem quadratischen Block gehen die gefährlichen Ebenen von den Gußformkanten aus und teilen den Block in vier Prismen. In einem runden Block bilden die vom Boden wachsenden Kristalle einen Kegel und in einem achteckigen Block eine achtseitige Pyramide. Diese Gebilde sind, je nachdem die Kühlwirkung des Bodens im Verhältnis zu der Kühlwirkung der Seitenwände größer oder kleiner ist, höher oder kürzer; im allgemeinen übt der Boden seine volle Wirkung aus, da er immer in unmittelbarer Berührung mit dem abkühlenden Block bleibt, während sich die Seiten des Blockes bald nach dem Beginn der Erstarrung von der Form trennen und deshalb durch eine Gasschicht vor der Kühlwirkung geschützt werden.

Oft ist es möglich, die Pyramide abzutrennen und es ist lehrreich, die Blöcke sozusagen in Stücke auseinander zu nehmen, um die Form von Seigerungen, Schwindungshohlräumen im Innern zu beobachten.

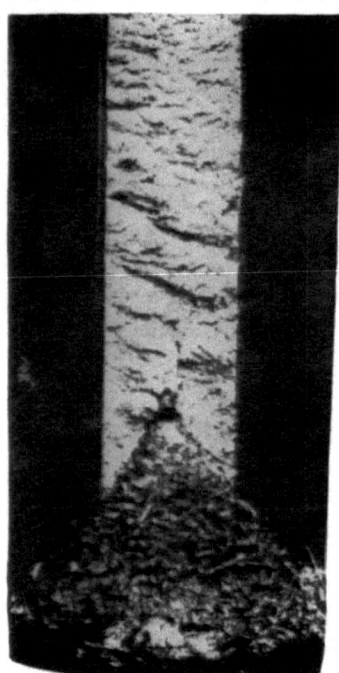

Abb. 4. Kegel am Boden eines Stahlblockes.

In England war es bei der Herstellung von Blöcken für Kriegsgeräte oft üblich, Scheiben von den Blockenden abzusägen, sie zu polieren und zu ätzen. In vielen dieser Scheiben entwickelte die Ätzung einen Ring weißer Flecken, die sich als Ferritgebiete darstellten, welche um Schlackenteile herum abgesondert waren. Je näher am Boden die Scheibe abgeschnitten war, desto weiter war der Ring der weißen Flecken, was ganz selbstverständlich wird, wenn man weiß, daß sie die Umgrenzung eines durch die Bodenkegel geführten Schnittes sind.

Obwohl dieser weiße Ring in den wenigen Jahren, wo man solche Beobachtung macht, oft gesehen wurde, so würde doch kein Stahlwerk zugestanden haben, daß auch in einem Stahlblock ein so wohl ausgebildeter Kegel oder eine Pyramide bestünde, wie sie aus einem Stearinblock herausgelöst war (siehe Abb. 3.) Ein Beweis dafür, daß dies aber doch möglich ist, konnten die Verfasser dadurch bringen, daß sie einen Stahlblock von ungefähr 400 kg so erstarren ließen, daß beide Enden festgeklemmt waren; bei der Abkühlung riß er nun an dem schwächsten Teil und zeigte noch Abb. 4 einen glattabtrennbaren Kegel.

Das Wachsen der langstrahligen von der Oberfläche ausgehenden Kristalle hängt von Umständen ab, die einigermaßen widersprechend erscheinen, d. h. ihre Bildung wird manchmal durch langsames und manchmal durch rasches Abkühlen begünstigt. Solange die Schmelze im Innern eines teilweise erstarrten Blockes vollkommen flüssig bleibt, wachsen die von dem Boden ausgehenden Kristalle in dem Maße, wie die Temperatur der Flüssigkeit (dort wo die Kristalle an dieselbe stoßen) an den Erstarrungspunkt fällt. Das macht Wärme frei, die entweder in die Flüssigkeit übergeht, oder durch die Kristalle an die Kokillenwand abgeleitet wird.

Wenn die Kristalle schlechte Wärmeleiter sind, so ist die Abkühlung notwendigerweise langsam, wie die Form auch immer sein mag und die Flüssigkeit der Blockmitte bleibt fast bis zum letzten erstarrenden Tropfen klar. Unter diesen Umständen ist rasche Abkühlung unmöglich, es sei denn, man rühre um, oder man beschleunige durch ein anderes, mechanisches Mittel das Erstarren. Die Kristalle wachsen also mit ihrer Längsrichtung senkrecht auf die Formwände. Wenn aber die Kristalle gute Wärmeleiter sind, dann wird die beim Erstarren freiwerdende Wärme ebenso wie die Wärme aus dem Blockinnern rasch durch die Kristalle nach außen hin abgehen. Auf diese Weise wird auch eine große Flüssigkeitsmasse ihren Erstarrungspunkt an vielen Stellen gleichzeitig erreichen, bevor die von den Wänden aus wachsenden Kristalle die Mitte erreichen. Das Innere des Blockes wird dann aus Kristallen bestehen, die von beliebigen Punkten ausgehen und nach allen Seiten gleich entwickelt sind.

Es werden deshalb kristallisierende Körper, wenn sie vollkommen flüssig gegossen werden, bei ungestörter Abkühlung, von innen bis nach außen Kristalle derselben Art dann bilden, wenn sie sehr schlechte Wärmeleiter sind. Stahl ist dagegen ein guter Wärmeleiter und wird nur dann von der Oberfläche bis zur Mitte Kristalle derselben Art zeigen, wenn die Abkühlung entweder sehr rasch oder sehr langsam erfolgt. Im ersteren Falle wachsen sie in der klaren Schmelze vom Rande aus, in dem Maße wie die Temperatur zum Erstarrungspunkt sinkt. Das Ergebnis sind lange Kristalle wie sie in Abb. 1 zu sehen sind. Bei sehr langsamer Abkühlung ist die Temperatur der Flüssigkeit, infolge der hohen Wärmeleitfähigkeit des Eisens, durch die ganze Masse praktisch gleichmäßig und die Bildungsmöglichkeit für Kristalle ist an allen Punkten dieselbe, so daß das Ergebnis Kristalle sind, die sich nach allen Richtungen annähernd gleichmäßig erstrecken. Diese Fragen sind im engen Zusammenhang mit der Frage der Gießtemperatur, die weiter unten besprochen werden soll. Vorläufig soll nur gesagt werden, daß die langstrahligen Kristalle bei Stahlblöcken von kleinem Querschnitt und beim Gießen in eiserne Formen allgemein sind, während bei großen Blöcken die Transkristallisation zurücktritt; beim Gießen in trockene Sandformen zeigt sich letztere auch bei kleineren Blöcken nicht. Augenscheinlich gibt es eine große Zahl von Fällen, wo beide Kristallarten nebeneinander bestehen und nur die Randschicht transkristallisiert.

III. Lunkern und Schwinden.

Dächten wir uns eine Blockform mit einem flüssigen Werkstoff gefüllt, der in allen Teilen gleichmäßig bis zu dem Erstarrungspunkt abkühlt, so sinkt der Flüssigkeitsspiegel während des Abkühlens vollkommen gleichmäßig. Wenn nun beim Erstarrungspunkt die Schmelze plötzlich und ohne Änderung des Rauminhaltes erstarrte, so hätten wir einen durch und durch dichten Block vor uns. Aber weder Stearin noch Stahl verhalten sich so und die Hohlräume, die beim Erkalten der Flüssigkeit bis zur Erstarrung und beim Schwinden des schon erstarrten Werkstoffes entstehen, spielen bei der Stahlerzeugung eine große Rolle.

Der größte Hohlraum, der gewöhnlich nach außen offen ist und in der Blockachse sitzt, ist leicht erklärlich. Er ist unter dem Namen „Lunker" bekannt und verdankt seine Entstehung dem allmählichen Einsacken des Metalles in Schichten, die in das Innere zu aufeinanderfolgend erstarren.

Ein eben gegossener Block besteht aus einer dünnen Schichte aus festem Stearin (bezw. Metall) mit einem flüssigem Innern, das anfänglich noch nahezu Gußtemperatur hat. Der Block hat außen infolge der Umhüllung, die sich von oben bis unten erstreckt, feste Gestalt angenommen. Nach kurzer Zeit nun wird die Hülle, sagen wir um 1 mm dicker. Bevor das geschieht, ist der Stahl abgekühlt und sein Flüssigkeitsspiegel steht infolge des

Lunkerns nicht mehr auf derselben Höhe. Dies wird in Abb. 5 durch eine Stufe zwischen der ersten und zweiten Millimeterschicht dargestellt. Diesen Vorgang kann man sich in aufeinanderfolgenden Zeitabständen so lange fortgesetzt denken, als noch Flüssigkeit im Innern des Blockes übrig bleibt und als Ergebnis erscheint ein in der mittleren Schicht gelegener Hohlraum oder Lunker, wie man es in Abb. 5 sieht. Tatsächlich zeigt Abb. 5 den allgemeinen Umriß der Lunker in Stahlblöcken, die in parallelwandige Formen gegossen wurden. Der Unterschied von einem wirklichen Lunker besteht nur darin, daß das Dickerwerden der festen Hülle, ein stetiger und nicht ein von Zeit zu Zeit unterbrochener Vorgang ist und auch dadurch, daß noch die Zusammenziehung der festen Hülle und die Kühlwirkung der Luft an der Oberfläche des Blokkes in Betracht gezogen werden müssen. Es wird nicht allgemein angenommen, daß die Erstarrung eines Blockes durch stetiges Dickerwerden der Hülle, in Ebenen

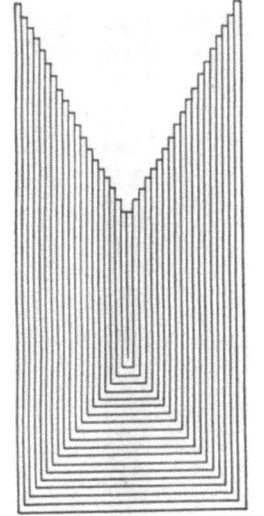 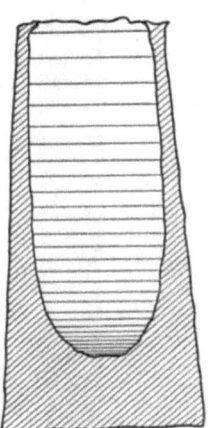

Abb. 5. Schema der Erstarrung in parallelwandigen Kokillen.   Abb. 6. Übliche Darstellung der Erstarrung im Block.

parallel zu den kühlenden Oberflächen der Form vor sich geht. Die von Harmet gebrachte Abb. 6 wird öfter wiedergegeben und für die richtige Darstellung der Erstarrung von Stahlblöcken gehalten. Es ist dies jedoch, soweit die Beobachtungen der Verfasser reichen, irreführend, sowohl in bezug auf Stahlblöcke wie auch auf die Erstarrung irgendeines anderen kristallinischen, metallischen oder nicht metallischen Körpers.

Einige Versuche mit Stearin, werden uns die richtige Vorstellung verschaffen.

4. Versuch. Man gieße eine Reihe von Stearinblöcken aus einer Temperatur von 65° in quadratische Formen, die in jeder Hinsicht gleich sind und so weit voneinander abstehen, daß jede frei abkühlen kann. Dann durchstoße man in Abständen von 15 Minuten bei einem nach dem anderen am oberen Rande die Kruste und gieße das noch flüssige Innere aus. Wir haben dann eine Reihe von Schalen mit zunehmender Dicke vor uns. In jedem Fall sind die Wände des Hohlraumes zu den Innenflächen der Gußform parallel.

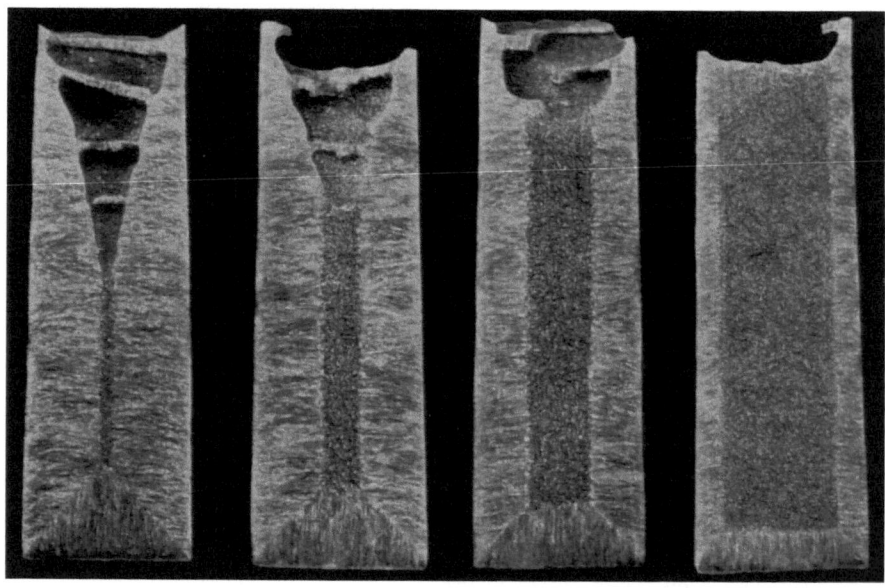

a   b   c   d

Abb. 7a—d. Darstellung des symetrischen Erstarrens bei Blöcken.

5. Versuch. Dasselbe kann noch schöner gezeigt werden, wenn man einen Block parallel zu seinen Seitenflächen abhobelt. Schon nach wenigen Hobelstrichen sieht man am Rande der gehobelten Fläche Kristalle, die in der Schnittfläche liegen, während die anderen senkrecht darauf stehen. Die Dicke dieses Randes wächst in dem Maße wie das Hobeln fortschreitet, ähnlich wie beim Erstarren des Blockes die Hülle stärker wird.

Diese Randschicht bleibt aber vollkommen symmetrisch wie man aus der Bilderreihe in Abb. 7 sehen kann. Sie verstärkt sich parallel zu den kühlenden Oberflächen und dort, wo sich die Wirkungsbereiche des Bodens und der Seitenflächen schneiden, bildet sich eine scharfe Ecke und nicht die breite Rundung wie nach Abb. 6 (gemäß der Anschauung Talbots).

Den Stahlwerkern, die Gelegenheit haben, umgeworfene oder aus irgendeiner Ursache nach teilweiser Erstarrung vollkommen ausgelaufene Blöcke zu sehen, wird bekannt sein, daß sich Stahl praktisch ähnlich verhält. Abb. 8 stellt einen größeren Block aus einer Talbotschen Versuchsreihe[1]) dar. Wenn die Erstarrung von dem Innern der flüssigen Masse ausgeht und nicht durch Dickerwerden der Wände fortschreitet, so gilt das eben Gesagte natürlich nicht.

Wir haben bisher bei der Betrachtung vom oberen Blockteil abgesehen, weil dort die Abkühlung unregelmäßig ist. Es ist jedoch leicht, die Wirkung der Luft und die Zusammenziehung der Flüssigkeit in allgemeinen Zügen zu verfolgen und zu erkennen, von welchen Umständen außer der Gießtemperatur und der Blockform, die Gestalt und Größe des Lunkers hauptsächlich abhängig ist.

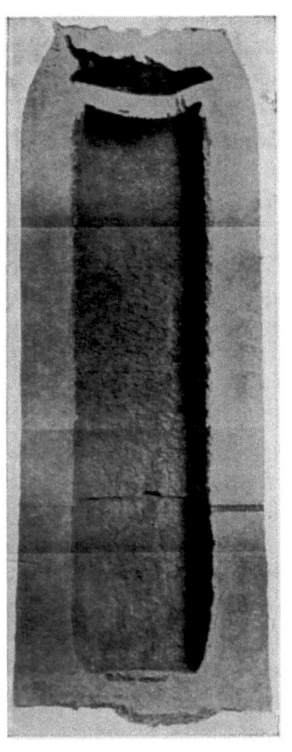

Abb. 8. Siemens-Martin-Stahlblock, der halb erstarrt ausgegossen wurde.

Die obere Fläche des Stearinblockes ist unmittelbar nach dem Gießen nach außen gebogen. Kurz nachher bildet sich eine dünne Haut von festem Stearin und dann — oder schon etwas früher (der Zeitpunkt ist von der Gießtemperatur abhängig) —, krümmt sich die Oberfläche nach innen. Wenn das flüssige Stearin einsinkt, so nimmt die Krümmung der festen Haut zu.

---

[1]) J. Iron Steel Inst. 30 (1913). — Am. Inst. Min. Eng. Okt. 1912. — St. u. E. 1913, S. 611; 1918, S. 1089.

Der darunter befindliche Flüssigkeitsspiegel ist aber nahezu eben, so daß sich feste Haut und Flüssigkeitsspiegel nur an einer kleinen Stelle berühren. Dadurch läßt die sinkende Fläche zwischen sich und der gekrümmten Haut einen Hohlraum, der wenig oder keine Luft enthält. Infolgedessen kommt, noch bevor der untere Teil der Haut den Zusammenhang mit der Flüssigkeit verliert, ein Augenblick, wo der Luftdruck die weiche Haut durchreißt und infolgedessen durch das flüssige Wachs eine kleine Luftblase in den Hohlraum, unter die Haut eindringt. Dieser Vorgang ist so lange sichtbar, als der untere Teil der Haut noch mit der Flüssigkeit in Berührung ist. Wenn das flüssige Stearin vollkommen den Zusammenhang mit der Haut verloren hat, so verhält sich der Flüssigkeitsspiegel wie die ursprüngliche Oberfläche eines neuen Blockes, der aber durch das Dickerwerden der erstarrenden Blockwände selbstverständlich kleiner geworden ist. Die Häute werden manchmal als „Brücken" bezeichnet und sind fast immer durchlöchert. Die durch diese Löcher eintretende Luft wirkt als Kühlmittel und hilft bei der Bildung einer zweiten Haut an der Oberfläche des noch flüssigen Stearins. Diese zweite Haut unterliegt denselben Änderungen wie die erste und so wird jede später entstehende Haut kleiner als die vorhergehende so lange, bis die Flüssigkeit vollkommen erstarrt ist.

Abb. 7 zeigt ein Beispiel der soeben beschriebenen Brücken. Wenn es vorkommen sollte, daß eine Brücke nicht durchlöchert ist, so kann es daran liegen, daß die Luft von oben und die niedere Temperatur des flüssigen Stearins die Bildung so starker Häute begünstigen, daß sie dem Luftdruck widerstehen und der flüssige Inhalt des Blockes luftdicht abgeschlossen bleibt.

Wenn dies der Fall ist, dann kühlt die Flüssigkeitsoberfläche sehr langsam aus und verkleinert sich beim Einsinken sehr stark, bevor sich eine weitere Brücke bilden kann; es ist dann auch möglich, daß sehr dünne Brücken oder überhaupt keine mehr entstehen.

Brücken bilden sich im Stahl viel schwerer als im Stearin, der Stahl ist fester und ein viel besserer Wärmeleiter und wenn die Oberfläche des geschmolzenen Stahles erstarrt, so ist sie infolgedessen dicker und fester und wird nicht so stark nach innen gekrümmt und viel weniger leicht durchlöchert. Eine Durchlöcherung ist aber, wie wir gesehen haben, für die Entstehung einer Reihe von Brücken besonders günstig. Es ist nicht undenkbar, daß sich Brücken in kleinen Stahlblöcken ausbilden, aber die Verfasser entsinnen sich nicht, sie bei solcher gesehen zu haben; im Gegenteil, das Schwinden und Lunkern des Stahls in einer gußeisernen Kokille geht bei Blöcken von ungefähr 80 mm ⌀ so rasch vor sich, daß der Lunker fertig ist, bevor seine Oberfläche vollkommen erstarrt. In großen Blöcken und in den verlorenen Köpfen von Güssen in Sandformen werden solche Brücken gefunden, aber die Gelegenheit, sehr große Blöcke im Längsschnitt zu sehen, ist sehr selten. Wenn Brücken im Stahl vorkommen, sind sie flacher als im Stearin, weil sie wegen ihrer größeren Festigkeit nicht so leicht einsacken. Im übrigen wird ihre Entstehung durch ganz ähnliche Umstände begünstigt wie bei Stearinblöcken.

Der Einfluß von Abmessung und Gestalt der Blockform auf die Lage und Größe des Lunkers wird später besprochen werden. Es ist jedoch wünschenswert, schon hier eine Eigenschaft zu betrachten, die bei in parallelwandige Formen gegossenen Blöcken oft sichtbar wird, zum Unterschied von Blöcken, die entweder oben oder unten breiter sind.

Man kann annehmen, daß in genügender Entfernung vom Boden und vom offenen oberen Ende der Wärmeabfluß ausschließlich durch die Seitenwände der Kokille vor sich geht. Wenn letztere von oben bis unten denselben Querschnitt hat, so wachsen die von den Seitenwänden ausgehenden Kristalle längs der ganzen Blockhöhe gleich rasch gegen die Mitte zu. Nun sind sowohl im Stearin wie auch im Stahl die einzelnen Horizontalschichten nicht steif genug, um sich über die ganze Fläche, ohne zu reißen, zusammenziehen zu können, und auch zu wenig beweglich, um in der Mitte ausweichen zu können. Stahl in der Nähe der Kokille ist am kältesten und am steifsten und wenn bei der Abkühlung sich die Außenteile nicht nach innen zusammenziehen können, so reißen sie in der Mitte, wo der Stahl am weichsten ist und am wenigsten Widerstand bietet. Die Folge davon ist ein kleiner Hohlraum in der Mitte, für den nicht genug flüssiger Stahl zum Nachfließen übrig bleibt. Wir haben dann im Block eine Reihe von Hohlräumen, die in der Blockachse liegen.

Gegen Hohlräume dieser Art ist eine längere oder breitere warme Haube ein wenig wirksames Hilfsmittel, da solche Fehler auch in kleinen Tiegelstahlblöcken mit verhältnismäßig großen warmen Hauben auftauchen, wenn in parallelwandige Kokillen vergossen wird.

Wir haben demnach zunächst zwischen zwei Arten von Hohlräumen zu unterscheiden: dem eigentlichen Lunker und seiner Fortsetzung, in Form von porösen Stellen, die man, wenn sie in größeren Mengen auftreten, längs der Blockachse als sekundären Lunker bezeichnen kann. Außer diesen beiden Arten von Hohlräumen, mögen sie in der Achse oder anderswo liegen, kommen noch solche hinzu, die von der Zusammenziehung des heißen, bereits fest gewordenen Blockes herrühren. Solche Hohlräume kommen in Stearinblöcken jeder Gestalt vor und sind nicht als Lunkerungshohlräume anzusehen. Ein Block, der vollkommen erstarrt aber noch heiß ist, zieht sich noch immer beim Abkühlen zusammen; da aber die Randteile hart sind und nicht viel nachgeben können, so werden die Spannungen ganz oder teilweise dadurch ausgelöst, daß sich Innenrisse oder Hohlräume dort bilden, wo der Widerstand am geringsten ist.

Wir wissen schon, daß es in einem erstarrten Block gewisse gefährliche Ebenen gibt, die von den Ecken der Gußform nach der Blockachse hin laufen und eine Folge der Transkristallisation sind. Ein Block kann deshalb leicht längs seiner Achse durch Zugspannungen, die senkrecht zur Längsrichtung angreifen, gespalten werden. Der Block wird solchen Kräften auch deshalb leichter nachgeben, weil er in der Mitte heißer und weniger fest ist. Diese Annahme erklärt gut sowohl die axialen Hohlräume, wie auch die Spannungsrisse, die sich unmittelbar vor oder nach völliger Erstarrung bilden. Da die Zusammenziehung des noch warmen, jedoch schon erstarrten Stearins bereits begonnen hat, bevor der ganze Block erstarrt ist, so können kleine Lücken schon gebildet sein, wenn die Mitte des Blockes noch flüssig ist; in diesem Falle befinden sie sich natürlich nicht in der Mitte.

Von dem Augenblick an, wo das flüssige Innere von einer festen Haut eingehüllt ist, bilden die Kristalle, die von zwei verschiedenen Gußformwänden aus wachsen, dort gefährliche Ebenen, wo sie zusammenstoßen und wo dann auch (s. Abb. 2c), die genannten Lückenstellen gelagert sind. Man sieht sie leicht in Stearinblöcken, die der Länge nach von einer Kante zur anderen aufgespaltet sind. In Abb. 9 sind sie so wiedergegeben, wie sie erscheinen, wenn der Block bis zur Diagonalfläche abgehoben ist. Alle diese Lücken laufen in der Mitte des Blockes zusammen und es sieht so aus, als ob sie von dort aus ihren Ursprung genommen hätten. Daß dies aber nicht zutrifft, sondern daß sie sich schon zu bilden beginnen, wenn das Blockinnere noch vollkommen flüssig ist, soll durch eine Reihe von Versuchen mit Wachsblöcken gezeigt werden.

6. **Versuch.** Man gieße zwei oder drei Quadratblöcke von einer Temperatur, die $15-20°$ C oberhalb des Erstarrungspunktes des Stearins gelegen ist. Nun breche man zwei gegenüber gelegene Ecken ab und spalte den Block in der Diagonalfläche dadurch, daß man die Messerschneide dort ansetzt, wo in der Mitte der Bruchfläche eine weiße Linie erscheint und sie mit ein oder zwei scharfen Schlägen in das Stearin treibt. Man wird nun seitlich gelagerte Hohlräume sehen, wie sie in Abb. 12 dargestellt sind.

7. **Versuch.** Man spalte einen ähnlichen Block durch die Mitte, aber längs einer Ebene, die parallel zu zwei gegenüberliegenden Gußformwänden liegt, wodurch nur Lückenstellen in der Achse bloßgelegt werden. Die diagonalen Lücken sind zwar nicht sichtbar, ihr Vorhandensein kann aber gezeigt werden, wenn man mit einer Nadel von der bloßgelegten Achse aus gegen die Blockkanten zu in das Innere bohrt. Man wird beobachten, daß die Lückenstellen auch längs der Flächen der Grundpyramiden vorhanden sind.

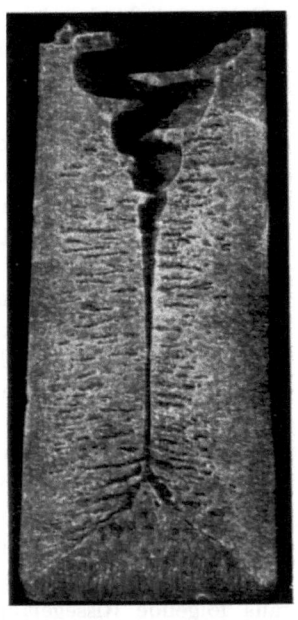

Abb. 9. Schwindungshohlräume in den Diagonalen.

8. **Versuch.** Man gieße drei oder vier Blöcke unter denselben Bedingungen wie bei den Versuchen 6 und 7, durchstoße

aber in Zeiträumen von 10, 20 und 30 Minuten die obere Haut und gieße den Inhalt aus. Nun spalte man die Blöcke wie bei den beiden früheren Versuchen, oder noch besser, man säge sie der Länge nach durch, so daß die Schnittfläche etwas an den gegenüberliegenden Ecken vorbeiläuft und hobele die gesägten Oberflächen ganz bis zu den Ecken durch und wird nun bemerken, daß sich auch Seitenhohlräume zu bilden begonnen haben, obwohl die Blockmitte noch flüssig war.

Wir sehen also, daß die Enden der von verschiedenen Seiten zusammenstoßenden langstrahligen Kristalle auseinanderstreben, wenn die Massen sich zusammenziehen. Es ist auch in der Tat manchmal mit Hilfe einer guten Linse möglich, in den Schwindungshohlräumen scharfe Kristallflächen zu sehen, die zusammengewachsen waren und sich erst nachher trennten. Die so gebildeten Lücken werden durch eine Schicht von ganz gebliebenem Stearin vor der Berührung mit der in der Mitte befindlichen Flüssigkeit geschützt; später wird auch diese Trennungsschicht gebrochen. Mittlerweile ist aber eine neue Schicht von Stearin erstarrt, die den Zusammenhang mit dem mittleren noch flüssigen Teil versperrt. Auf diese Weise werden die seitlichen Lückenstellen vor Zufluß der Flüssigkeit geschützt und dehnen sich schließlich bis zur Mitte aus, bis kein flüssiges Stearin mehr zurückbleibt.

Es gibt verschiedene Gründe dafür, warum Lückenstellen längs der Diagonalebenen von quadratischen Blöcken liegen müssen, In erster Linie deshalb, weil in diesen Ebenen die flüssige Masse zuletzt erstarrt; ferner stoßen die Kristalle unter spitzen Winkeln zusammen, wodurch Spannungen entstehen und die daraus folgende Rissegefahr vergrößert wird, ähnlich wie bei der Härtung von Werkzeugen mit scharfen Kanten. Dann kommt noch dazu, daß im Augenblick der Erstarrung frei werdende Gase und die Verunreinigungen sich meist längs dieser Ebenen anhäufen. Es ist deshalb natürlich, daß dort leicht große Hohlräume oder Risse entstehen und daß bei den bestehenden Spannungen sehr wenig Anstrengung nötig ist um den Bruch hervorzurufen. Außer diesen Hohlräumen, die dem freien Auge sichtbar sind, findet man in Stahlblöcken nicht selten Risse, die zwischen den Kristallen verlaufen und auf die Kokillenflächen senkrecht stehen. Durch Tiefätzung können diese Fehler dem freien Auge sichtbar gemacht werden; z. B. durch Eintauchen in 10 proz. Salzsäurelösung. Die Säure greift das Metall längs eines Risses heftig an und erweitert ihn zu einer sichtbaren Vertiefung. Man bemerkt, daß die Längsrichtung des Risses in derselben Richtung liegt, wie die der Kristalle, zwischen denen er läuft.

Hohlräume ähnlicher Art, die aber von Seigerungsstellen ausgehen, können auch durch starke Ätzung entwickelt werden. Es gibt aber ganz bestimmte Mittel eine Art Fehler von der anderen zu unterscheiden und eine Verwechslung kommt nicht leicht vor, wenn man beachtet, daß die ersteren verstreut und die letzteren in Gruppen zusammen auftreten.

Nach der Achse zu verlaufende Risse können auch in solchen Stahlblöcken auftreten, die keine langstrahligen Kristalle in den Bruchflächen zeigen. Wenn von einem Stahlblock mit etwa 40—60 Tonnen oder von einem daraus geschmiedeten Knüppel Scheiben abgeschnitten, poliert und mit sehr verdünnter alkoholischer Salpetersäure geätzt werden, so sind die interkristallinen Risse dadurch kenntlich, daß von ihnen kleine Glasblasen entweichen. Damit diese leichter entweichen können ist es am besten, die Scheibe mit der polierten Fläche senkrecht zu stellen und sie mit einer in das Ätzmittel getauchten Kameelhaarbürste abzuwaschen. Man sieht dann kleine Gasbläschen die sich in einen oder mehreren dieser Risse entwickeln und mit der Lösung längs

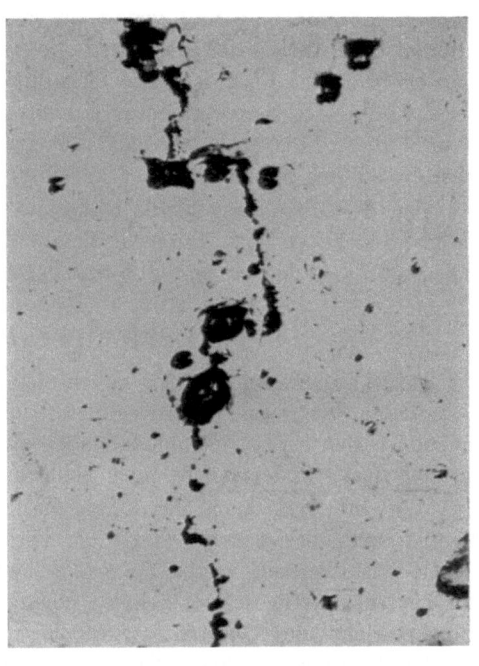

Abb. 10. Querrisse zwischen Schlackeneinschlüssen.

der Scheibe hinabfließen. Der Riß verläuft gewöhnlich von einer Seigerung zur anderen (s. Abb. 10), da die kleinen Schlackenteilchen im Bereich der Seigerung den Zusammenhang des Metalls schon geschwächt haben. Wenn der Werkstoff, in dem der Riß vorkommt, nicht zusammenschweißt, dann ist er nicht mehr schmiedbar und wird unter dem Hammer zerfallen. Dies erklärt, warum gewisse legierte Stahlblöcke nicht schmiedbar sind, während andere derselben Zusammensetzung, aber unter anderen Bedingungen erschmolzene und gegossene leicht geschmiedet werden können. Die Anzahl der Risse wird offensichtlich zunehmen, wenn der Stahl lufthärtend ist. Die Schädlichkeit der Schwindungsrisse wird durch Seigerung oder Schlackeneinschlüsse erhöht und sowohl diese Umstände als auch die Art der Warmverarbeitung bestimmen ob, der Riß wieder zusammenschweißt.

Von der Mitte ausgehende Risse und mancher anderer Fehler in Stahlblöckchen wird durch die Temperatur des flüssigen Stahles beeinflußt, bei der er in die Form gegossen wird.

IV. Gießtemperaturen.

Transkristallisierte Blöcke haben den Nachteil, daß sie beim Schmieden, wenn sie nicht sehr vorsichtig behandelt werden, reißen; haben sie das Schmieden aber einmal überstanden, dann ist der Stahl weder besser noch schlechter als sonst.

Wie gut man auch die Eigenschaften des flüssigen Stahles kennen mag, es ist sehr schwer im vorhinein zu sagen, wie ein Block kristallisieren wird. Die maßgebenden Einflüsse sind Gießtemperatur, Gießgeschwindigkeit, chemische Zusammensetzung, Blockgewicht und Querschnitt. Blöcke mit kleinem Querschnitt werden leichter transkristallisieren als größere. Bei sehr kalt gegossenem Stahl transkristallisieren auch kleinere Blöcke nicht. Der Schmelzer beobachtet am besten beim Gießen die an der Oberfläche beginnende Erstarrung und richtet danach die Gießgeschwindigkeit. Man kann wohl annehmen, daß bei einem Stahl mit 0,9 Kohlenstoff die Gießtemperatur weniger als 100° über dem Schmelzpunkt (1443°) liegen soll[1]).

---

[1]) Damit stimmen neue Versuche von Hibbard (St. u. E. 1925, S. 1611) überein. Er findet z. B. für Stähle mit 0,10 vH Kohlenstoff, dessen Schmelzpunkt bei 1520° liegt eine Badtemperatur von 1620° und

Gießtemperaturen.

Wenn der Block aber genügend groß oder die Gießgeschwindigkeit sehr langsam ist, dann wird auch sehr hohe Gießtemperatur keine Transkristallisation hervorrufen; auch sehr langsame Abkühlung bewirkt dasselbe. Es wird deshalb auch oft bei hoher Gießtemperatur manchmal keine Transkristallisation eintreten, weil die Kokille vor der beginnenden Erstarrung schon sehr warm geworden war.

Die folgenden Beispiele zeigen die mechanischen Eigenschaften der Blöcke bei verschiedenen Gießtemperaturen.

Blöcke $\oplus$ 80 sind bei Transkristallisation so spröde, daß sie schon oft beim Abladen vom Wagen zu Bruch gehen, während ein kalt vergossener Block sehr schwer brechen wird. Stearinblöcke verhalten sich ungefähr ebenso. Der Block mit der größten Festigkeit ist derjenige, der gegossen wurde als das Stearin den Erstarrungspunkt erreicht und an der Oberfläche bereits zu kristallisieren begonnen hatte. Solche Blöcke haben keinen langstrahligen Bruch und sind an der Oberfläche rauh, ebenso wie kalt gegossene Stahlblöcke. Die Oberfläche eines solchen Stearinblockes ist in Abb. 11 zu sehen. Das Aussehen eines kalt vergossenen Stahlblockes an der Oberfläche und im Bruch wird verständlich, wenn man einen in eine Glasform gegossenen Stearinblock beobachtet. Nehmen wir an, das Stearin hatte während des Gießens schon seinen Erstarrungspunkt erreicht, so wird es an den Wänden, am Boden und an der Oberfläche zu erstarren beginnen und die erstarrende

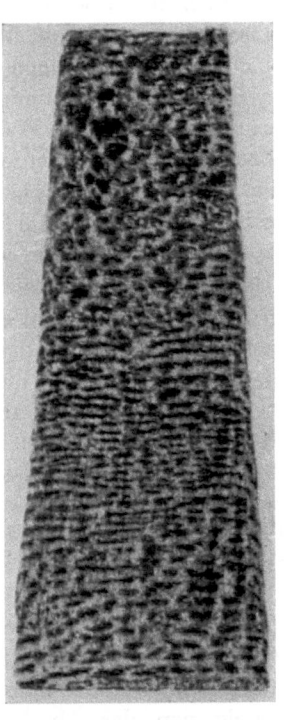

Abb. 11. Oberflächenaussehen eines kaltvergossenen Blockes.

---

eine Vergießtemperatur um 1565°. Die entsprechenden Zahlen für einen Stahl mit 0,9 vH Kohlenstoff wären 1540 und 1485°.

Popp (Bericht Werkstoffausschuß d. Eisenhüttenl., Nr. 46, 1924) führt dagegen wesentlich höhere Zahlen an. Nach ihm ist die mittlere Vergießtemperatur bei 0,1 vH C 1645°, bei 0,3 vH C 1590°.

Kruste wird mit der Flüssigkeit während des Gießens hochsteigen. Das aufsteigende Metall wird nun die Kruste an der Oberfläche am leichtesten in der Mitte durchbrechen, während sie an der Wand haften bleibt. Die durchbrechende Flüssigkeit erstarrt gewöhnlich teilweise bevor sie den niedrigsten Teil der konvexen Oberfläche, das ist die Wand, erreicht hat. Die Folge davon sind eine Reihe von Ringen dort wo die Flüssigkeit mit der Form in Berührung kam und dazwischenliegend die Vertiefungen, wo die Flüssigkeit die Wand nicht erreichte. Stücke der durchbrochenen Kruste werden in das Innere der Flüssigkeit gespült und bilden sowohl bei Stearin wie bei Stahl Kristallisationsmittelpunkte. Bei Stahl sind sie aber auch gleichzeitig der Anlaß zu Gasblasen, weil sie an der Oberfläche mittlerweile oxydierten. Das Gefüge kaltvergossener Blöcke unterscheidet sich von dem heißvergossener wesentlich. Im ersteren Falle sind die Kristallisationszentren durch die ganze Masse gleichmäßig zerstreut und die Kristalle wachsen nicht von der Oberfläche oder von der erstarrten Randschichte an; die zuerst erstarrten Teile sind etwa freischwebenden Löwenzahnsamen vergleichbar. Sie versuchen im Stearin oder im Stahl auf den Boden zu sinken und deshalb findet man nadelförmige Kristalle eher im oberen Teil des Blockes, wo infolge dieses Vorganges gleichmäßig verteilte Kristallisationszentren seltener sind.

Wir stellten bereits fest, daß ein Block durch allmähliches und gleichmäßiges Festwerden von Schichten parallel zur Kokillenwand erstarrt (Abb. 7). Dies trifft aber nur dann zu, wenn das Innere vollkommen flüssig ist, und nicht dann, wenn sich unabhängig von der Abschreckwirkung der Kokille freie Kristalle bilden, die aufsteigen wenn sie leichter sind (wie bei Blei-Antimonlegierungen) und niedersinken wenn sie schwerer sind (wie bei Stearin und Stahl) als die Mutterlauge. Die Gegenwart solcher freier Kristalle kann in Stearinblöcken auf zweierlei Art gezeigt werden. Das erste Verfahren besteht darin, daß man parallel zur Seitenwand aus dem Block Scheiben schneidet und sie dann so dünn als möglich hobelt. Hält man solche dünne Scheiben gegen das Licht, so sind sie am Rande, wo die Kristalle parallel zur Schnittfläche liegen, kaum durchscheinend, in der Mitte dagegen, wo die Kristalle senkrecht darauf sind (s. Abb. 2), fast durchsichtig. Die beiden Schichten sind durch eine scharfe Linie voneinander getrennt, jedoch befinden sich im durchsichtigen mittleren Teil dunkle Flecke an denjenigen Stellen, wo frei gewachsene nicht einseitig orientierte Kristalle liegen. Auf diese Weise ist es möglich festzustellen, wieweit der Block erstarrt war, bis das flüssige Innere frei zu kristallisieren begann. Nach einem zweiten Verfahren kann man aus dem halb erstarrten Block das noch flüssige Innere ausgießen oder es dadurch zum Ausfließen bringen, daß man den Boden durchstößt. Lehrreich ist die Abb. 12 in der

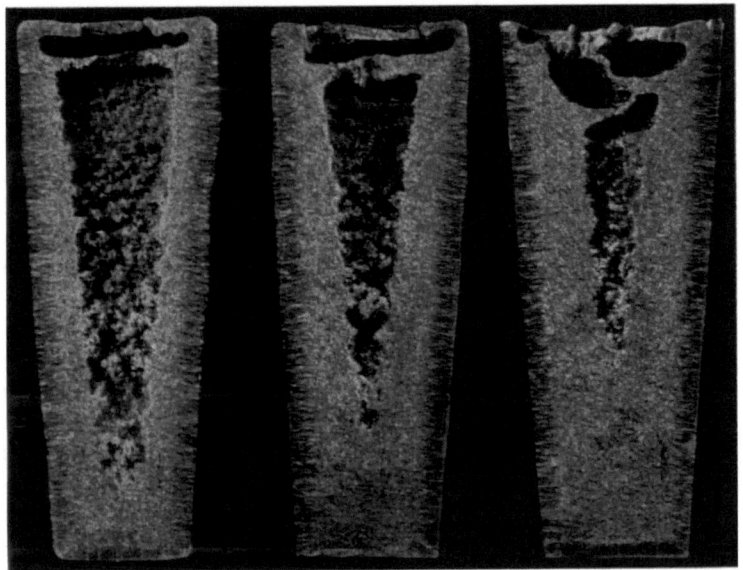

Abb. 12. An den Innenwänden teilweise erstarrter Blöcke abgelagerte Kristalle.

man Stearinblöcke sieht, die bei 50° vergossen und nach verschiedener Zeit entleert wurden. Wenn eine geringe Menge eines färbenden Stoffes hinzugefügt wird, dann werden die Helligkeitsunterschiede und Farbtöne in den verschiedenen Richtungen der Kristalle noch stärker. Hobelt man die ebene Seitenfläche eines Blockes ab, so werden die senkrecht und parallel zur Ebene liegenden Kristalle sichtbar, anfangs nur die langstrahligen transkristallisierten, weiter innen dann auch die freigewachsenen, die sofort an ihrer verschiedenen Farbe erkennbar sind.

Die Bildung freier Kristalle trägt dazu bei, den Block fester zu machen. Transkristallisation schafft immer bruchgefährliche Ebenen. Bei Stearinblöcken merkt man dies schon, wenn man sie spalten oder besonders wenn man die Bodenpyramide wie auf S. 7 beschrieben, entfernen will; bei nicht transkristallisierten Stahlblöcken ist es viel schwieriger, den verlorenen Kopf abzuschlagen.

Das Auftreten freigewachsener Kristalle hat besonders bei großen Blöcken wichtige Folgen; bei ihnen entsteht zwischen Boden und Kopfende ein großer Unterschied im Kohlenstoffgehalt. Es bleibt in diesem Falle nichts übrig als zwischen zwei Übeln zu wählen; d. h. entweder heiß zu gießen und dadurch Seigerungen, Hohlräume und Spannungsrisse zu begünstigen oder kalt zu gießen und die Unterschiede im Kohlenstoffgehalt stärker werden zu lassen. Im letzteren Falle bilden sich nämlich mehr freie Kristalle, die kohlenstoffärmer sind und zu Boden sinken. Man hat mitunter geglaubt, daß der niedere Kohlenstoffgehalt im Boden dadurch zu erklären ist, daß die an die Seitenwände angewachsenen Kristalle

Abb. 13. Gruppe frei gewachsener Kristalle in einem Block weichen Stahles.

losbrechen und zu Boden fallen. Nun ist es tatsächlich richtig, daß am oberen Ende an den Seiten oft sehr schöne Kristalle nach dem Abfließen der Mutterlauge übrig bleiben (Abb. 13), aber diese Kristalle sind nicht in solchen Mengen vorhanden, daß man daraus den Unterschied im Kohlenstoffgehalt erklären könnte. Auch läßt es sich schwer denken, daß so große Kräfte vorhanden sind, die diese Kristalle losbrechen. Sie würden auch beim Untersinken nicht mehr schmelzen und müßten später im geätzten Schliff erkennbar sein; den Verfassern ist aber ein solcher Fall niemals zur Kenntnis gekommen. Man kann deshalb annehmen, daß die in der Flüssigkeit sich frei bildenden und dann untersinkenden Kristalle für den niederen Kohlenstoffgehalt des Bodens verantwortlich sind.

Es sind keine besonderen Beweise dafür nötig, daß hohe Gießtemperatur schädlich ist. Wir sehen dabei von der glatten Blockoberfläche, die auch in gewisser Hinsicht wichtig ist, ab und auch von denjenigen Fällen, wo bei Gußstücken dünne Querschnitte ausgefüllt werden müssen.

Ein Block soll das Vorwärmen zum Schmieden oder Walzen ohne Innen- und Außenrisse vertragen. Hohe Gießtemperatur vergrößert den Lunker, der wohl durch einen größeren verlorenen Kopf beseitigt werden kann, die durch heißes Gießen entstandenen Risse und gefährlichen Ebenen längs der Diagonalen können aber nicht beseitigt werden. Die Fehler sind deshalb besonders unangenehm, weil sie oft erst bemerkt werden, wenn das Schmiedestück bereits bearbeitet ist und schon Löhne und Unkosten darauf verwendet sind.

Den Einfluß der Gießtemperatur durch Versuche zahlenmäßig festzustellen würde einen ungeheuren Arbeitsaufwand und großes Geschick erfordern. Es entstände auch noch die Schwierigkeit, daß beim Herausarbeiten von Zerreißproben aus dem Block niemals die Sicherheit besteht, daß der Zerreißstab gerade Fehler enthält und selbst wenn er diese enthielte, müßten sie immer an derselben Stelle des Zerreißstabes sein, um richtige Vergleichswerte zu ergeben. Man wäre also gezwungen, eine große Anzahl von Zerreißstäben zu verwenden. Da es außerdem nicht leicht ist, die Gießtemperatur genau zu messen, müssen wir uns mit allgemeinen Angaben begnügen. Wenn man bedenkt, daß die günstigste Gießtemperatur von der Zusammensetzung des Stahles, von der Größe und Gestalt des Blockes abhängt (ganz abgesehen von Formgußstücken), so ist es verständlich, daß bei der Stahlerzeugung neben der Wissenschaft noch viel für praktische Erfahrung und gefühlsmäßiges Erraten übrig bleibt. Bei Stearinblöcken haben sich die Verfasser eine Einrichtung ausgedacht, Gießtemperatur und Festigkeit des Blockes in einen zahlenmäßigen Zusammenhang zu bringen. Ginge man einfach so vor, daß man aus einem geschmolzenen Stearinbad während des Abkühlens einen Block nach dem andern aus dem Becher gießt, so würde das über den Schnabel laufende Stearin erstarren und die erstarrten Stücke würden die Vorgänge stören. Um diesen Übelstand zu vermeiden verwendet man am besten Glasröhren (etwa 30 cm lang, 18 mm im Durchmesser), die an beiden Enden mit gut sitzenden durchlochten Korkstopfen versehen sind. Das untere Glasrohr ist an dem unteren Ende zu einer feinen Spitze ausgezogen, während das obere mit einem Gummischlauch verbunden ist, der mit einer Klemme geschlossen wird (Abb. 14). Das untere ausgezogene Ende des Glasrohres wird nun auf die Gießtemperatur vorgewärmt und das Stearin in das Glasrohr eingesaugt. Auf diese Weise verhindert man, daß sich das Stearin in dem feinen Rohr

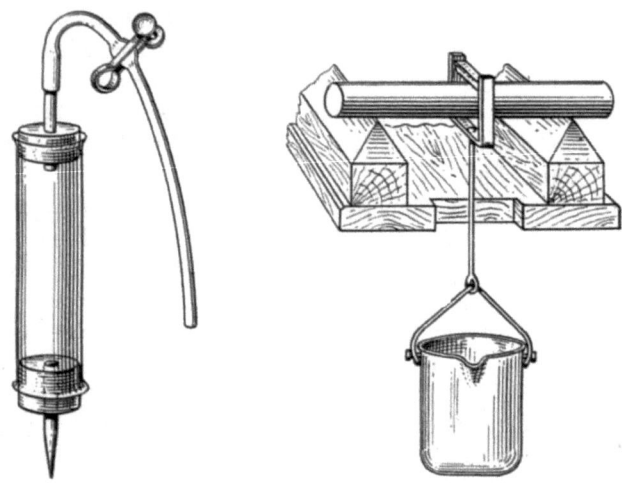

Abb. 14. Vorrichtung zum Gießen von Stearinprobeblöckchen.   Abb. 15. Vorrichtung zur Festigkeitsprüfung von Stearinblöcken.

festsetzt. Nun wird die Klemme geschlossen, das untere Rohr rasch gekühlt, so daß sich die Öffnung durch das erstarrende Wachs von selber schließt und oben Kork und Glasrohr entfernt. Das Wachs wird daraufhin in dem Rohr ruhig erstarren gelassen.

Die in Abb. 15 gezeigte Einrichtung kann nun dazu verwendet werden, um die Biegungsfestigkeit der bei verschiedenen Temperaturen gegossenen Blöcke zu messen. Die Blöcke ruhen auf Stützen, die 100 mm voneinander entfernt sind, auf und sind in der Mitte mit einem auf einer Schnur aufgehangenen

Gießtemperaturen.

Becher belastet, dem man so lange Quecksilber aus einer Meßbürette oder Bleischrot zufließen läßt, bis der Block bricht. In Abb. 16 und in der Zahlentafel sind die Ergebnisse zu finden; da es dabei nur auf Vergleichszahlen ankommt, sind nicht die Bruchbelastungen auf die Querschnittseinheit, sondern die absoluten Werte eingetragen.

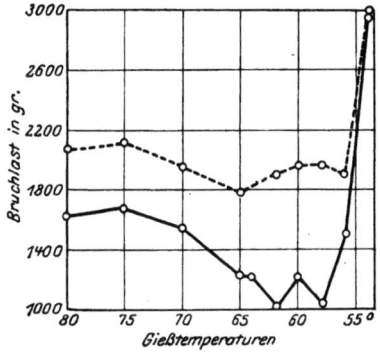

Abb. 16. Einfluß der Gießtemperatur auf die Festigkeit.

Gießtemperatur in ° C	Bruchbelastung in g					Durchschnitt
	1.	2.	3.	4.	5.	
80	1618	—	—	—	—	—
75	1671	—	—	—	—	—
70	1551	—	—	—	—	—
65	1220	—	—	—	—	—
64	1292	1155	1208	—	—	1218
62	1048	1009	—	—	—	1029
60	1224	1274	1168	—	—	1222
58	982	1009	1088	—	—	1026
56	1459	1155	1605	1830	—	1512
54	2783	2995	2783	3193	3127	2938
1 Minute nach Erreichen von 54° C						3250
2 Minuten „ „ „ 54° C						3224
3 „ „ „ „ 54° C						3021
4 „ „ „ „ 54° C						2995
5 „ „ „ „ 54° C						3101
6 „ „ „ „ 54° C						2929
7 „ „ „ „ 54° C (fehlerhaft)						2558

Die Biegungsfestigkeiten der bei sehr hoher Temperatur vergossene Blöcke streuen wegen der Rissigkeit stark und können deshalb nicht zum Vergleich herangezogen werden. Die Risse sind aber auch noch ausgeprägt bei Blöcken, die bei mittlerer Gießtemperatur vergossen wurden. Die größten Festigkeiten haben Blöckchen, die bei 54° C in die Formen kamen. Ihr Bruchaussehen ist feinkörnig. Die Festigkeitssteigerung bei 60° C könnte folgendermaßen erklärt werden: Bei Ausschaltung aller anderer Nebeneinflüsse wird die höhere Gießtemperatur für sich allein den Block schwächer machen. Nun bildet sich an einem bei 58° C in eine dünne Form vergossenen Block sofort eine feste Randschicht, während bei 60° Gießtemperatur die Formwand warm wird, bevor die Randschicht entstanden ist. In diesem letzteren Fall wird die Transkristallisation wenig hervortreten im Gegensatz zu dem bei 58° C vergossenen Stück, daher das Festerwerden trotz höherer Gießtemperatur.

Das beste Beispiel für den Einfluß der Gießtemperatur ist der Stahl mit 25 vH Nickel. Dieser verträgt, wenn er richtig gegossen wird, allerlei Verformung unter dem Hammer, und doch ist die Verarbeitung dieses Stahles bei einigen Firmen auf große Schwierigkeiten gestoßen. Das einzige, was man neben der Desoxydation tun kann, ist Vergießen knapp oberhalb des Erstarrungspunktes.

Abb. 17. Bruchaussehen eines heißvergossenen Stahlblockes mit 25 vH Nickel.

Wenn man, wie es häufig geschieht, einen solchen Nickelstahl im Tiegelofen aus Stahlabfällen, Eisen-Platinen und Würfelnickel erschmilzt, so sind die Schmelzpunkte der einzelnen Bestandteile im Verhältnis zum Schmelzpunkt der Legierung sehr hoch, und wenn man nach dem Schmelzen sofort gießt, so hat der Block ein Bruchaussehen wie Abb. 17 zeigt. Man muß deshalb den Stahl so lange in der Pfanne zurückhalten, bis er zu erstarren beginnt, und wird dann beim Schmieden keinerlei Schwierigkeiten haben.

Die Verfasser haben die Entwicklung des Elektrostahles mit Aufmerksamkeit verfolgt und eine große Zahl von Blöcken gesehen, die für Versuchszwecke durchschnitten oder gebrochen wurden. Sie haben die Überzeugung gewonnen, daß viele Hunderte Tonnen nur deshalb schon als Block oder nach dem Walzen zu Schrott wurden, weil die Gießtemperatur zu hoch war. Im Tiegel- oder

Siemens-Martinofen wird das Schmelzbad nicht um viel mehr als 100° über denjenigen Punkt erhitzt, der zum vollkommenen Flüssighalten des Stahles notwendig ist. Im Elektroofen dagegen kann noch mehr wie in der Bessemer Birne die Temperatur darüber hinaus leicht gesteigert werden. Man braucht niedrige Gießtemperaturen nicht wegen Pfannenbären zu sehr zu fürchten. Schwere Bären sind ein Zeichen, daß die Schmelzung zu kalt oder die Pfanne nicht in Ordnung war. In solchen Fällen ist es aber immer leicht, den für die Unterlassung Verantwortlichen zu finden; dagegen wird bei zu heißem Gießen der Verantwortliche sich immer noch darauf ausreden können, daß der Block im Hammer oder Walzwerk wegen unvorsichtiger Wärmebehandlung gerissen ist. Zum großen Teil aus diesem Grunde hat der Elektrostahl oft enttäuscht und ist nicht imstande gewesen, den Tiegelstahl überall zu ersetzen.

V. Kokillen.
1. Behandlung der Kokillen.

Wie ausgezeichnet der Stahl im geschmolzenen Zustande auch sein mag, so nützt dies nichts, wenn nicht die Behandlung der Kokillen und das Gießen entsprechend sorgfältig sind. Nirgends werden die Kokillen so aufmerksam behandelt wie bei der Erzeugung des Tiegelstahls, und dieser Umstand darf nicht übersehen werden, wenn man die Ursache sucht, warum die nach den verschiedenen Verfahren erschmolzenen Stähle verschieden sind. Reine Blockoberfläche ist dann nicht so wichtig, wenn Stücke hergestellt werden sollen, die stärker durch Zerspannung abgearbeitet werden und wenn es sich um weichen Stahl handelt. Bei Blöcken dagegen, die auf ein genaues Endmaß zu schmieden sind, ist dies unbedingt notwendig. Um eine glatte Oberfläche bei Tiegelstahlblöcken zu bekommen, werden die Kokillen vorher abgerieben und mit Graphit, Ruß, Teer oder Lack bestrichen.

Es ist bekannt, daß Grauguß nach öfterem Erhitzen und Abkühlen springt und zerbröckelt, und daß die Oberfläche nach kurzer Zeit mit einer zunderartigen Masse bedeckt ist. Diese oxydierte Oberfläche wird durch Anstrich zum großen Teil unschädlich gemacht, wobei aber vorheriges Abreiben der Kokille notwendig ist.

Wenn Stahl mit höherem Kohlenstoffgehalt in eine Kokille mit oxydierter Oberfläche vergossen wird, dann ist die Oberfläche des

Blockes unrein und voll Löcher. Es ist dies eine Folge der zwischen dem Kohlenstoff des Stahles und dem Eisenoxyd auftretenden Reaktion, die Kohlenoxyd entwickelt, das in dem halbflüssigen Stahl stecken bleibt. Wenn kohlenstoffreicher Stahl in unreine Kokillen kommt, dann sprüht er an den Kokillenwänden infolge der oben genannten Reaktion und man kann sich teilweise dadurch helfen, daß man langsamer gießt.

Wenn weicher Stahl in unreine Kokillen gegossen wird, so sind die Blockoberflächen nicht so schlecht. Dies ist vermutlich zwei Umständen zu verdanken: Erstens ist infolge des geringen Kohlenstoffgehaltes weniger Gelegenheit zur CO-Bildung und zweitens erstarrt der Stahl rascher, daher ist die Reaktionsdauer kürzer. Heißvergossener Siemens-Martinstahl sprüht und ergibt unreine Blöcke, während kaltvergossener in denselben schlechten Kokillen mit reiner Oberfläche erstarrt. Diese Tatsache spricht sehr für die Anwendung auseinanderklappbarer Kokillen bei der Tiegelstahlerzeugung; denn die nicht auseinanderklappbaren sind viel schwerer zu reinigen. Je länger die Kokille gebraucht wird, desto schwerer ist sie zu reinigen. Feine Risse durchdringen das Metall, und es ist dann meist am besten, sie in den Schrott zu geben. Die Haltbarkeit einer Kokille hängt sehr davon ab, wie lange der heiße Block in ihr bleibt. Strippt man, bevor die Kokille rotwarm wird, so genügt ein einfaches Abwischen mit nachfolgendem Bestreichen und die Kokille wird dabei sehr lange aushalten. Im Jahre 1908 war z. B. in einem Werke der Verbrauch an Kokillen für 1 t Stahl 6,4 kg. Im folgenden Jahre wurde durch sorgfältige Behandlung und früheres Strippen erreicht, daß der Kokillenverbrauch auf 4,8 kg herabging, trotzdem die Kokillen schon älter waren.

Folgende Aufstellung zeigt den Kokillenverbrauch in den Jahren 1908—1909 bei verschiedenen Blöcken in demselben Werke:

Jahr	Größe	Kokillenverbrauch in kg für die Tonne Blöcke
1908	75 mm ⌀ [1])	6,4
1908	größere Blöcke	7,4
1909	75 mm ⌀ [1])	4,8
1909	größere Blöcke	5,9

[1]) Derartig kleine Blöcke sind heute in Deutschland in der laufenden Erzeugung auch bei Tiegelstahl nicht in Gebrauch. Blöcke mit kleinerem Durchmesser als etwa 120 mm sind eine Seltenheit.

Der Grund, warum der Kokillenverbrauch bei größeren Blöcken trotz des im Verhältnis zum Stahlgewicht geringen Kokillengewichtes größer ist, ist der, daß kleinere Blöcke gestrippt werden, bevor die Kokille sehr heiß geworden ist, während größere Blöcke länger in der Kokille bleiben müssen, wodurch letztere heißer werden, und infolgedessen mehr zundern, sich werfen und reißen.

Der Verlust oder Gewinn von einigen Kilogramm Gußeisen ist unwichtig im Verhältnis zu dem Vorteil oberflächenreinen Stabstahles. Obwohl es bei großen Blöcken im allgemeinen nicht möglich ist, sie zu strippen bevor die Kokille rotwarm wird, kommt es doch öfter vor, daß man sie länger als notwendig in der Kokille läßt, in der ausgesprochenen Absicht, den Block länger warm zu halten. Letzteres ist, ein wenig empfehlenswertes Vorgehen und führt leicht zu Blockseigerungen. Je früher ein Block gestrippt wird, desto besser ist es für die Kokille. Nach dem Strippen sollen die Kokillen möglichst gleichmäßig abkühlen und man hat unter anderem in den Witkowitzer Werken es sogar für vorteilhafter gefunden, sie vor dem Strippen in Wasser zu tauchen. Das Ergebnis war folgendes:

Gewicht der Kokille in kg	Anzahl der gegossenen Blöcke	
	nicht gekühlt	Wassergekühlt
155	45,7	87,5
167	45,8	91,4
184	46,8	71,4[1]

Nach der allgemeinen Erfahrung hat man es für notwendig gefunden, Kokillen vorzuwärmen. Der hauptsächlichste Grund dafür ist der, die Feuchtigkeit zu entfernen[2]. Das Erwärmen darf aber nicht zu weit gehen, weil man sonst ein Übel gegen das andere eintauscht. Wärmt man die Kokille auf 300—400° an, so wird sie durch den Stahl leicht auf Rotwärme erhitzt, geht rascher zugrunde und verursacht schlechtere Blöcke.

---

[1] Es ist nicht bekannt, ob sich dieses Verfahren in dem genannten Werk dauernd durchgesetzt hat. Wenn dies aber auch nicht der Fall wäre, so bleiben doch die obigen Versuche sehr bemerkenswert.

[2] Folgender einfacher Versuch lehrt dies: Man gibt Blei oder eine Zinnlegierung auf eine mit einem Tuch gut gereinigte Glasplatte und wird finden, daß die aufliegende Metallfläche zwar glatt, aber von vielen Blasen durchsetzt ist. Diese Blasen rühren von Feuchtigkeitsspuren her und können durch Vorwärmen der Glasplatte vermieden werden.

Aber nicht allein der Grad, sondern auch die Art des Vorwärmens ist wichtig. In der Praxis stellt man die Kokillen zwischen heiße Blöcke oder stülpt sie darüber. Obwohl das erstere auch nicht völlig einwandfrei ist, ist es doch dem letzteren vorzuziehen. Wenn nämlich die Innenseite der Kokille rotwarm wird und außen noch kalt ist, so kann sie der Ausdehnung nicht so leicht folgen wie dann, wenn von außen Wärme zugeführt wird. Die Innenseite befindet sich unter Druck —, die Außenseite unter Zugspannung, so daß Formänderungen und Risse die Folge sind. Beim Gießen wird die Innenseite rascher heiß als die Außenseite. Nach dem Strippen kühlt die Außenseite rascher ab. Die Temperaturunterschiede haben wieder entgegengesetzte Spannungen und ihre Nachteile zur Folge. Diese werden noch verstärkt, wenn man durch Besprengen mit Wasser nur die Außenfläche der Kokille abkühlt.

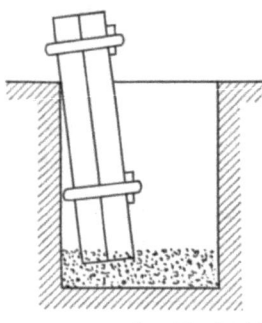

Abb. 18. Lage einer Tiegelstahlkokille in der Gießgrube.

Die Vorteile der auseinander klappbaren Kokille für kleine Blöcke sind offensichtlich. Man kann sie leichter reinigen und leichter Fehler an ihr entdecken. Sie hat aber auch noch einen Vorteil, der gewöhnlich übersehen wird: Die zwei Hälften der Kokille werden durch Ringe und Keile zusammengehalten, und dieser Umstand ist nicht ohne Einfluß auf die Erzeugung guter Blöcke. Die in der Gießgrube stehende Kokille (Abb. 18) ist zweckmäßig mehr oder weniger geneigt, damit der über die Schnauze fließende Stahl die Seitenwand nicht berührt. Die Größe der Neigung der Kokille hängt von der Form der Schnauze ab und davon, wie stark die Pfanne geneigt wird. Die den Umständen angepaßte schräge Lage der Kokille wird von dem Schmelzer dadurch herbeigeführt, daß er den Bodenring, der mit der Seitenwand der Gießgrube in Berührung ist, tiefer oder höher stellt.

Die Kokillen aus einem Stück, wie sie in Siemens-Martinoder Thomas- und Bessemer-Anlagen gebraucht werden, sind zur Erzeugung kleiner Tiegelstahlblöcke wenig geeignet. Für größere Blöcke von 150—170 mm ϕ aufwärts werden sie in Deutschland häufig gebraucht. Die Blöcke sind dann allerdings gewöhnlich rund und werden vor dem Schmieden oder Walzen zur Entfernung der unreinen Oberfläche abgedreht. Für alle Blöcke, größer als 200—250 mm ⌀ oder ⊓, sind die auseinanderklappbaren Kokillen zu umständlich und nützen sich zu rasch ab. Man gebraucht deshalb für diese Abmessungen Kokillen aus einem Stück. Die Abnutzung in zweiteiligen Kokillen findet vor allem an der Berührungsstelle der beiden Teile statt, weil dort verhältnismäßig wenig Metall zur Aufnahme der Wärme vorhanden ist. Das Zusammenpassen an der Berührungsfläche muß vollkommen sein, weil sonst das flüssige Metall durchtritt und am Block ein Grat entsteht. Wenn die Berührungsfläche einmal beschädigt ist, dann nützt sie sich rasch weiter ab. Um ein möglichst gutes Aufeinanderpassen der Berührungsflächen zu gewährleisten, wurde die in Abb. 19 dargestellte Einrichtung getroffen. Die beiden Kokillenteile sind nur an den Flächen A in enger Berührung; die anderen zwei Flächen stehen etwas voneinander ab. Um nun die beiden Flächen in enge Berührung zu bringen, werden zwischen die beiden mittleren Flächen kleine Kugeln eingelegt, die so lange abgefeilt werden, bis die Flächen bei A zusammenpassen. Merkwürdigerweise ist in der Praxis der nach innen liegende Teil schwä-

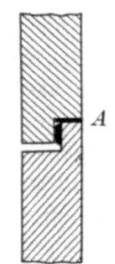

Abb. 19. Verbindungsstelle in der zweiteiligen Tingelstahlkokille.

cher als der äußere, obwohl er möglichst dick sein sollte, um den schädlichen Einwirkungen des wiederholten Erwärmens und Abkühlens zu widerstehen.

2. Dicke und dünne Kokillen.

Die Frage, ob die Wände der Gußformen dick oder dünn sein sollen, kann nicht durch Versuche mit Stearin gelöst werden. Was immer man dabei auch fände, die Anwendung auf Stahl würde mehr Geschicklichkeit erfordern als sie die Verfasser haben. Die Schwierigkeit ist zweifach: erstens hat Stahl, der in Formen aus Gußeisen gegossen wird, einen höheren und Stearin einen niedrigeren Schmelzpunkt als die Gußform, und zweitens unterliegt Stahl kristallinischen Umbildungen beim Wiedererhitzen, Wachs dagegen nicht. Dünne Gußformen für Stearinblöcke führen zur Bildung dünner, erstarrter Wachsschichten, die meist, sobald sie sich gebildet haben, wieder zerfließen, während ein ähnlicher Versuch bei Stahl das Schmelzen der Kokille zur Folge hätte.

Die Frage, ob dicke oder dünne Kokillen vorteilhafter sind, ist vom Standpunkte der Stahlgüte und der Kosten wichtig. Einen Vorteil haben die dünnen Formen sicher; sie sind leichter und daher leichter zu befördern. Wenn dies von Hand aus geschieht, so ist der Vorteil bedeutend; wenn jedoch Krane im Gebrauch sind, so ist das größere Gewicht von geringerem Einfluß. Da Kokillen gewöhnlich nach Gewicht gekauft werden, sind die Kosten bei dünnwandigen natürlich geringer und die Ersparnis ist unbestreitbar, wenn sie gleichlang halten wie die dicken. Soweit läge die Frage einfach und könnte durch irgendeinen kaufmännischen Angestellten gelöst werden. Es wird aber behauptet, daß bei dünneren Kokillen bessere Blöcke erzielt werden, d. h. Blöcke mit reinerer Oberfläche und ohne Transkristallisation. Was die Oberfläche betrifft, so mag an dieser Behauptung dann etwas Wahres sein, wenn die Blöcke im Gespann gegossen werden, obwohl in dieser Hinsicht der Zustand, in dem sich die innere Oberfläche der Kokille befindet, das wichtigere ist. Der einzige fragliche Punkt ist der, ob die Dicke der Kokille einen nennenswerten Einfluß auf die Kristallausbildung in der Nähe der Oberfläche hat.

Die Verfasser haben häufig gefunden, daß ein 70—80 mm-Quadratblock normales Bruchkorn aufweist, während 50 mm-Quadratblöcke, aus derselben Pfanne gegossen, sehr stark transkristallisiert sind. Auch dann, wenn Stahl in eine keil- oder kegelförmig gestaltete Kokille gegossen wird, deren Wände von oben bis unten gleich stark sind, transkristallisiert der Block nur in dem dünneren Teil. Diese Tatsachen scheinen dafür zu sprechen, daß die Stärke der Kokille im Verhältnis zum Block von einigem Einfluß auf das Auftreten der Transkristallisation ist. Einschränkend gilt aber folgendes: Auch wenn die Stärke der konisch zulaufenden Kokille zum Durchmesser des Blockes an der betreffenden Stelle in einem bestimmten gleichbleibenden Verhältnis steht, so wird der Block auch nur an den dünneren Stellen transkristallisiert sein.

Wenn die Wände der Kokille so dünn wären, daß sie bald eine Temperatur nicht weit unter dem Erstarrungspunkte des Stahles annähmen und die Wärme nicht rasch an die Atmosphäre abgeben würden, dann wäre der Block nicht transkristallisiert. Solche Bedingungen sind aber in der Praxis nicht einzuhalten. Solange gußeiserne Kokillen im Gebrauch sind, müssen sie mindestens so stark sein, daß sie die Wärme des geschmolzenen Stahles aufnehmen und weitergeben, ohne daß sie sich selbst, auch nicht an ihren inneren Flächen, dem Schmelzpunkte des Gußeisens nähern, d. h. daß sie 900° C nicht überschreiten. Die praktische Frage mit Rücksicht auf die Güte des Blockes ist die, ob es wirtschaftlicher ist, in so dünne Kokillen zu gießen, daß sie durch den geschmolzenen Stahl auf 900° C erwärmt werden, oder in solche, deren mittlere Temperatur 600° C nicht überschreitet[1]). Es ist klar, daß eine gußeiserne Form dick genug sein muß, damit der in ihr steigende flüssige Stahl bald erstarrt und unter den Schmelzpunkt von Gußeisen abkühlt, andernfalls würde die Oberfläche der Kokille abschmelzen und der Block würde in der Form stecken bleiben und Risse bekommen. Es ist gleicherweise klar, daß die Hülle des festen, zuerst erstarrten Metalls rasch so dick werden muß, daß sie beim Zusammenziehen nicht durch den Druck des flüssigen Innern aufplatzt. Die tatsächliche Berührung des geschmolzenen Stahles mit der Form dauert, gleichgültig ob letztere dick oder dünn ist, nur kurze Zeit; dieser Berührung folgt bald das Einschrumpfen der festen Hülle und die Ausdehnung der Form, so daß ein ringförmiger Zwischenraum entsteht. (In dem Zeitpunkte des Loslösens der Kokille vom Block ist die Transkristallisation, wenn sie überhaupt eintritt, schon erfolgt, und zwar ganz unabhängig von der Dicke der Kokille, weil ihre Außenseite sicher noch nicht rotwarm geworden ist, bevor sich der Luftzwischenraum gebildet hat. Es wird also bis zu diesem Zeitpunkt eine dünne Kokille gleichviel Wärme aufgenommen

---

[1]) Leitner (Werkstoffbericht Nr. 77) findet neuerdings, daß es eine bestimmte günstigste Kokillenstärke gibt, die von Blockgröße, Gießtemperatur, Gießgeschwindigkeit und Stahlart abhängt. Bleibt man unter dieser Kokillenstärke, so hat dies infolge der langsamen Erstarrung im Blockinnern grobe Kristallitausbildung und Seigerungen zur Folge. Ein Hinausgehen über diese Stärke hat keinen Zweck, wirkt infolge Begünstigung der Transkristallisation eher schlechter. Um ein Beispiel zu nennen: Beim Vergießen eines Chrom-Nickelstahles in einen Rundblock 140 mm, bei Gießtemperatur 1650 und Gießgeschwindigkeit 0,6 m in der Minute, ist die Wandstärke etwa 35 mm.

haben wie eine dicke.) Die Berührung zwischen Block und Kokille wird solange dauern, wie die erstarrte Stahlhaut zu schwach ist, dem Druck des flüssigen Metalls zu widerstehen. Wenn innerhalb derselben Horizontalebene die Trennung unregelmäßig erfolgt, so wird der zuletzt noch anhaftende Teil reißen und der Block wird eine vertikale Naht aufweisen. Es ist vorteilhaft, wenn sich auch die übereinanderliegenden Schichten möglichst gleichzeitig ablösen. Trennen sich oberes und unteres Ende des Blockes zu sehr verschiedener Zeit von den Seitenwänden der Kokille, so kann der Block infolge der Längszusammenziehung Querrisse bekommen. Diese Gefahr ist in weiten Kokillen am größten.

Ein Beweis dafür, daß die Transkristallisation, wenn sie überhaupt sichtbar wird, während der raschen Bildung der ersten festen Haut entsteht (die von der Dicke der Kokille nicht beeinflußt wird), ist das Verhalten der Verbundblöcke (Stahl und Eisen in eine Kokille zusammengegossen). Der Stahl wird zuerst eingefüllt[1]), dann nimmt man die schwache Wand weg und gießt das Eisen oder den weicheren Stahl nach. Wenn Transkristallisation in dem zuerst gegossenen Teil auftritt, so ist sie an der Seite, die an den anderen Blockteil anstößt, ebenso stark wie an den übrigen Teilen, obwohl der Block dort nur kurze Zeit mit der kalten Kokille in Berührung war.

Auch dann, wenn der Block unmittelbar nach dem Gießen umgelegt wird, so daß der noch flüssige Teil herausfließt, ist die schon erstarrte Hülle transkristallisiert, ganz gleichgültig, ob die Kokille dick oder dünn war, denn ihre Außenseite wird in beiden Fällen kaum warm sein. Es kann deshalb daraus geschlossen werden, daß dünne Kokillen die Transkristallisation nicht verhindern. Gegen dünne Kokillen wird fernerhin noch eingewendet, daß sie rascher heiß werden, was auch bedeutet, daß sie rascher zugrunde gehen. Besonders die innere Seite bekommt Risse, zerbröckelt und oxydiert und ruft dadurch unreine Blockoberflächen hervor. Die Kokille wird im ersten Drittel der Höhe am heißesten und wächst auch dort am meisten, während der unterste Teil durch die Bodenplatte gekühlt wird und dadurch, daß er der Ausdehnung nicht folgen kann, Risse be-

---

[1]) Es ist auch oft das Umgekehrte der Fall. Siehe Chem. Met. Engg. 29, 59. 1923 und Stahl und Eisen 44, 101. 1924.

kommt. Wenn man diesem Nachteil dadurch begegnen will, daß man den Boden durch ein angegossenes Band verstärkt, so schafft man scharfe Übergänge ungleicher Ausdehnung. Sogar dann, wenn man einen breiten Reifen anstatt des dicken Bandes anbringt, kann man nicht verhindern, daß sich der mittlere Teil stärker dehnt als der Boden, wodurch sich die Kokille tonnenartig wölbt, was außerdem noch beim Strippen Schwierigkeiten verursacht. Diese Schwierigkeiten sind hauptsächlich bei der dünnen Kokille vorhanden. Macht man die Kokille in der unteren Hälfte allmählich dicker, so verlängert man natürlich ihre Lebensdauer, aber dadurch macht man wieder aus der dünnen eine dicke Kokille.

Es ist zweifelhaft, ob eine dicke Kokille den Stahl rascher kühlt als eine dünne. Block und Kokille sind nur kurze Zeit in Berührung und doch muß die ganze im Block enthaltene Wärme durch die Kokille nach außen gehen. Eine dünne Kokille wird rasch heiß und gibt rascher Wärme an die Umgebung ab als eine dicke, bei tieferer Temperatur verbleibende. Dies gleicht sich bei der dicken Kokille zum Teil dadurch aus, daß sie mehr Wärme aufnimmt als die dünne.

Transkristallisation tritt öfter ein, als man allgemein annimmt. Sie mag in großen kaltgebrochenen Blöcken selten sichtbar werden, ist aber fast immer zu bemerken, wenn Blöcke kurz nach dem Erstarren gerissen sind oder gebrochen werden. Solche Bruchflächen bestehen dann aus nadelförmigen Kristallen. Wenn dagegen diese Bruchfläche durch Kaltbrechen entsteht, so sieht man sehr häufig keine Spur von Transkristallisation mehr. Auf Grund dieser Beobachtung kann man beurteilen, in welchem Temperaturbereich das Reißen des Blockes vor sich ging.

Zwei Erklärungen können für das Auftreten der Nadelkristalle in einem Warmbruch und ihre Abwesenheit im Kaltbruch gegeben werden. Die eine ist die, daß durch langsames Abkühlen, so wie es bei großen Blöcken und Gießen in Sand stattfindet, die ursprünglichen langstrahligen Kristallite in gleichmäßig orientierte umgewandelt werden[1]. Die andere Erklärung ist die, daß

---

[1] Die Verfasser haben keine Veranlassung diese Annahme zu unterstützen und haben weder in Stahl oder anderen metallischen Legierungen solche starkwirkenden Umbildungen erkannt, die während des Abkühlens des festen Metalls vor sich gehen.

die langstrahligen Kristallite selbst verhältnismäßig rein sind, jedoch von einer Hülle geseigerter Verunreinigungen umgeben sind, die noch halb flüssig sein mögen, wenn der Bruch erfolgt. Ein Bruch, der unter solchen Umständen entstanden ist, wird natürlich längs der langstrahligen Kristallite erfolgen. Bei erkaltetem Werkstoff nimmt der Bruch nicht dieselbe Richtung, weil die Verunreinigungen an den Korngrenzen in der Kälte fester sind als das reinere Kristallinnere.

Wenn dagegen ein solcher Block über eine gewisse Temperatur (die von der Zusammensetzung des Stahles abhängt) wieder erhitzt wird, so kann unter Umständen die Transkristallisation durch wiederholte Behandlung zum Verschwinden gebracht werden. Bei einem kleinen Block (etwa 100 mm ⌀), der heiß gegossen wird und am Rande transkristallisiert, wird innerhalb der kurzen Zeit bis zum Loslösen von der Kokille dieser Rand bis zum Verlieren der Glühfarbe abgekühlt sein und später durch das Innere des Blockes wieder erwärmt werden. Dabei kann eine Temperatur erreicht werden, die das Verschwinden der Transkristallisation herbeiführt. Darin mag eine wahrscheinliche Erklärung zu suchen sein für Erscheinungen, wie sie in Abb. 20 dargestellt sind, wo der Außenrand nicht transkristallisiert ist, dagegen eine nadelige Zwischenzone sichtbar wird. Diese könnte nämlich folgendermaßen erklärt werden: Das nadelige Aussehen des Randes verschwindet durch die Erhitzung. Das Innere ist von vornherein frei von Transkristallisation, weil die rasche Kühlwirkung der Kokille nicht bis in das Innere reicht. Als dort die

Abb. 20. Transkristallisation in einer Zwischenzone.

Temperatur auf den Schmelzpunkt sank, war der Temperaturabfall schon gering und es konnten sich überall gleichmäßig Kristallisationszentren bilden. Die Zwischenzone behält ihr nadeliges Aussehen, weil sie während der ersten Abkühlung, als der Rand schwarz wurde, nicht kalt genug geworden war, um durch A_r zu gehen, also nicht so wie der Rand umkristallisierte.

Aus diesen Betrachtungen heraus ergibt sich eine wahrscheinliche Erklärung folgender Beobachtungen:

1. Kleine Blöcke sind durch und durch nadelig, weil die Kühlwirkung der Kokille rasch bis in das Innere dringt.

2. Mittelgroße Blöcke sind außen und in der Mitte aus den vorher erwähnten Gründen frei von Nadelkristallen.

3. Große Blöcke sind frei von Transkristallisation auch am Rande, weil dieser durch die große Masse des Blockinnern nach dem Abtrennen von der Kokille wieder so hoch erhitzt wird, daß die erste Abschreckwirkung zerstört wird.

Es sei aber bemerkt, daß diese Schlüsse keine starre Gültigkeit für alle Stähle beanspruchen.

3. Verjüngung der Kokille nach oben oder unten.

Eine aufklappbare Kokille kann parallele Seiten haben; bei einer Kokille, die aus einem Stück besteht, müssen sie nach einer Seite zusammenlaufen, weil sonst das Strippen zu schwierig wäre. Verwendet man Kokillen, die sich nach oben verjüngen, so können sie vom Block abgehoben werden, wenn das Innere desselben noch flüssig ist. Dieses Verfahren verlängert die Lebensdauer der Kokillen, weil sie nicht sehr heiß werden und ermöglicht es auch, die Blöcke noch heiß in Ausgleichgruben zu bringen.

Wenn eine nach oben sich verjüngende Kokille mit flüssigem Metall von gleichmäßiger Temperatur gefüllt ist, so mögen die Erstarrungsvorgänge durch eine Reihe von zur Kokillenwand E parallel laufenden Linien, wie in Abb. 21 A, dargestellt werden. Die

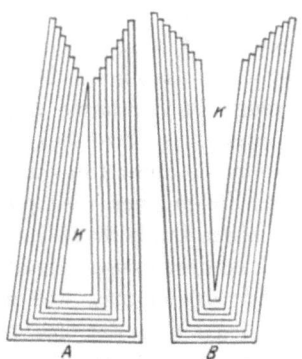

Abb. 21. Schematische Darstellung der Erstarrung in Kokillen, die sich verjüngen.

Linien werden nach innen zu wegen des fortschreitenden Lunkerns immer kürzer. Der Hohlraum über dem Schnittpunkt des innersten Linienpaares ist ein primärer Lunker. Es verbleibt noch ein Dreieck K, das, noch flüssiges, luftdicht abgeschloßenes Metall enthält, wenn der obere Teil bereits erstarrt ist. Schließlich erstarrt auch dieser Rest, jedoch besteht keine Möglichkeit, daß die Hohlräume angefüllt werden und es bildet sich ein mehr oder weniger zusammenhängender Hohlraum, der „sekundärer Lunker" genannt wird.

Abb. 21 B stellt das Erstarren in einer Kokille dar, deren weites Ende oben ist. Die Stufen sind kürzer, weil die schwindende Flüssigkeit von einem weiteren in einen engeren Teil fällt. Die Linien zeigen in ähnlicher Weise, daß der Stahl, der unterhalb des Schnittpunktes liegt, erstarrt ist. Auch hier besteht ein Dreieck, in dem flüssiges Metall zurückgeblieben ist, jedoch ist das Dreieck umgekehrt und das darin befindliche Metall erstarrte zuerst an dem untersten Punkt; jeder leere Raum wird von oben her gefüllt, bis schließlich ein Hohlraum im oberen Ende übrig bleibt. Es ist unmöglich, daß in solchen Blöcken ein sekundärer Lunker entsteht. Die Annahme, auf der Abb. 21 beruht, zieht weder die Schnelligkeit, mit der der Block gegossen ist, noch die Kühlwirkung der Luft an seiner oberen Oberfläche in Betracht. Kokillen werden nun nicht sehr rasch gefüllt, und wenn man es tut, so sind die Blöcke schlecht. Die Gießdauer schwankt in Abhängigkeit von Blockgröße, Stahlgattung und Gießtemperatur zwischen $1/2$ und 15 Minuten. Beim Gießen von oben werden die unteren Teile bereits fest sein, wenn die Kokille noch nicht voll ist und ihr oberer Teil wird schon heiß sein, bevor ihn das flüssige Metall erreicht. Die Kühlwirkung der Luft erzeugt eine erstarrte Decke oberhalb des Lunkers. Bei großen Blöcken mag ihre Dicke 10 cm und mehr betragen, in kleinen können sie unter Umständen überhaupt nicht vorhanden sein. In allen Fällen aber wird die kühlende Luft die Metallschichte um die obere Lunkerhälfte herum verstärken. Gegen die Zusammenziehung des flüssigen Metalles beim Erstarren gibt es natürlich kein Mittel; das einzige, was man tun kann, ist, es so einzurichten, daß das bis zuletzt flüssig gebliebene Metall in höheren Schichten bleibt, damit es in die Schrumpfräume nachfließen kann. Blöcke müssen also immer von unten nach oben erstarren, was bei Blöcken mit dem weiten Ende oben, von selber geschieht.

Verjüngung der Kokille nach oben oder unten. 41

Viele Versuche sind gemacht worden, um diesen Vorgang auch bei solchen Blöcken zu erzwingen, die das breite Ende unten haben, aber nur sehr wenige dieser Verfahren haben einigermaßen Erfolg; einige davon sind völlig zu verwerfen. Weiter unten wird noch genauer davon die Rede sein. Hier möge nur auf die alte Arbeitsweise eingegangen werden, die darin besteht, den Block mit flüssigem Metall nachzufüllen, indem man die erstarrte Decke mit einem Eisenstab aufbricht, den man tief in den Block hineinstößt. Ob ein solcher Vorgang von Erfolg ist, hängt von der Temperatur des nachgegossenen Metalles ab und davon, ob man genügend gerührt hatte. Wenn diese Arbeitsweise auch für Gußeisen ihre Dienste tun mag, so kann sie heute bei Stahlblöcken als eine veraltete angesehen werden.

Der oben weite Block verkürzt sich beim Erstarren und beim Erkalten weniger rasch als der oben schmale. Die Deckkruste wird dort dem Luftdruck leichter widerstehen, wenn auch die Flüssigkeit weggesackt ist. Dies trägt mitunter etwas dazu bei, den oberen Blockteil länger flüssig zu halten, welcher Umstand deshalb wichtig ist, weil er die Oxydation der Lunkerwände verhindert, wodurch das Zusammenschweißen beim späteren Schmieden oder Walzen erleichtert wird. Zu beachten ist auch, daß, der Lunker in dem einen Falle lang gestreckt ist, während er in dem anderen eine rundliche Gestalt hat. Abgesehen von der größeren Menge Werkstoff, die dadurch dem Abfall zugeteilt werden muß, reißen auch solche Blöcke viel eher im Wärmofen.

Versuchsreihen an Stearinblöcken zeigten, daß bei allmählich abnehmender Verjüngung nach oben, der Lunker sich allmählich änderte, während beim Übergang von der parallelwandigen zur nach oben weiteren Kokille der Lunker ziemlich unvermittelt kürzer und abgerundeter wird, wobei der sekundäre Lunker nur unter abnormalen Umständen vorkommt. Wenn die Seiten der Kokille parallel sind, dann gelten die auf S. 15 geschilderten besonderen Verhältnisse. Einige Wirkungen der parallelwandigen Kokillen mögen wegen ihrer Wichtigkeit bei der Herstellung der Werkzeugstähle hier betrachtet werden.

Bis vor etwa 20 Jahren wurden in England die meisten kleinen Werzeugstahlblöcke in parallelwandige Kokillen gegossen, die aus zwei Hälften bestanden, welche durch Ringe und Keile susammengehalten wurden. Die Ausdehnung des primären Lunkers in kleineren

Blöcken war sehr wohl bekannt: Jeder Schmelzer wußte, daß ein richtig gelunkerter Block praktisch blasenfrei ist, daß der Lunker bei heißem Gießen größer ist und daß ein harter Stahl mehr lunkert als ein weicher. Auch heute noch werden in England Blöcke in parallelwandige Kokillen gegossen und warme Tonringe eingesetzt, in dem Glauben, dadurch fehlerfreie Blöcke zu erhalten. Spaltet man sie aber der ganzen Länge nach, so findet man meist längs der Achse Hohlräume. Erinnert man sich an das, was auf S. 15 gesagt wurde, so ist die Ursache dafür nicht schwer zu finden.

Wir wenden uns nun den Folgen zu, die durch diese Fehler beim Schmieden oder Walzen entstehen können. Es sieht wohl jeder ein, daß die oxydierte Oberfläche (durch Berührung mit der Luft entstanden) auf jeden Fall schädlich ist; man glaubt aber sehr häufig, daß andere Hohlräume zusammenschweißen, ohne die Güte des Stahles irgendwie zu beeinträchtigen. Dies widerspricht aber der Erfahrung. Man kann auch nicht, wie es Stead[1]) getan hat, das Verhalten von absichtlich ausgebohrten Hohlräumen auf das Verhalten der obenerwähnten Schrumpfwände übertragen. Eine angebohrte Fläche ist glatt und vollkommen rein, während das Innere von solchen Hohlräumen oft durch Kristallgruppen Unebenheiten aufweist, wodurch die Bildung von Rissen bei rascher Erwärmung begünstigt wird.

An den Wänden solcher Hohlräume kann man oft einen feinen Tonerdeüberzug finden, der von dem absinkenden und erstarrenden Stahl zurückgelassen wurde. Dies ist wohl der Grund dafür, daß man beim Walzen abgeblätterte Teile an ihrer Innenseite oft mit einer feinen Schicht blaßgelben Tonerdepulvers überzogen findet. Auch das Ausblättern von Sägen und anderen Gegenständen beim Stanzen oder dem darauf folgenden Härten, hängt oft damit zusammen.

Die innen liegenden unoxydierten Hohlräume in parallelwandigen Blöcken waren unter der Warmhaube beim Erstarrungsvorgang ursprünglich mit flüssigem Stahl gefüllt. Während nun das flüssige Metall niedersinkt, bleiben die von den Wänden der Hohlräume aus wachsenden reinen Kristalle an ihrer Stelle und der dort zurückbleibende Stahl ist reiner d. h. er enthält weniger Kohlen-

---

[1]) Iron and Steel Inst. 1, 54. 1911.

stoff und andere ausseigernde Elemente. Das bedeutet, daß Stäbe oft einen weichen Mittelstreifen aufweisen, der bei manchen daraus verfertigten Gegenständen wie Meißel und Gewehrläufen Minderleistungen verursacht. Diese Art von Fehlern ist dem bloßen Auge besonders gut im Bruch eines Stahles mit 0,9—1,1 vH. Kohlenstoff sichtbar, jedoch kann man ihn auch in Stählen mit niedrigerem oder höherem Kohlenstoffgehalt beobachten, wenn man sie poliert und ätzt. Aus der oben angeführten Erklärung über die Entstehung solcher Streifen läßt sich einsehen, daß in einem Stahlstabe nicht weit hinter einem weichen Streifen ein harter zu finden ist. Abb. 22 stellt einen solchen Stab dar, der, um den weichen Mittelstreifen sichtbar zu machen, der Länge nach gespalten wurde.

Nach den Untersuchungen des deutschen Bearbeiters ist die mittlere Zone von Werkzeugstahl-Blöcken größtenteils weicher als die Randzone. Weichere und härtere Stellen nebeneinander finden sich nur knapp unterhalb des Lunkers. Die Verteilung des Kohlenstoffgehaltes ergibt sich aus der Abb. 23. Bei der Untersuchung dieser merkwürdigen Erscheinung ergab sich zusammenfassend folgendes:

In Stahlblöcken mit Warmhaube ist in der Regel der Innenteil kohlenstoffärmer als der Außenteil. Dies ist größtenteils keine

Abb. 22. Weicher Mittelstreifen in einem Walzstab.

eigentliche umgekehrte Seigerung, sondern wird durch das Untersinken der zuerst erstarrenden Kristalle in dem länger flüssig bleibenden Innenteil bedingt. Der Ausgleich des Kohlenstoffs findet sich im verlorenen Kopf. Daneben scheint aber noch in vielen Fällen wirkliche umgekehrte Seigerung vorzuliegen; eine Erklärung hierfür wird nicht gegeben.

Die Folgen solcher Kohlenstoffunterschiede im Block sind durch den gewöhnlichen Herstellungsgang selbst durch Strecken auf ganz kleine Querschnitte nicht zu beseitigen. Ein schädlicher Einfluß auf das Verhalten des Stahls beim Härten und beim Gebrauch folgt aus dieser Erscheinung nicht. Bei der Probenahme für die chemische Analyse muß dagegen dieser Umstand berücksichtigt werden. Je härter der Stahl, desto wichtiger ist es, daß der Block von Hohlräumen in der Blockachse frei ist, weil beim Schmieden und Walzen die Hohlräume gestreckt werden, wobei die Gefahr des Reißens größer und die Möglichkeit des Verschweißens kleiner ist. Diese Beobachtung wird besonders durch das Verhalten des Schnellstahles bestätigt, weshalb Schnellstahl immer in oben weiteren Kokillen und mit Warmhaube vergossen werden muß. Wird dies nicht sorgfältig befolgt, so kann es dazu führen, daß Schnellstahlwerkzeuge der Länge nach aufreißen, was eine wohlbekannte Erscheinung ist.

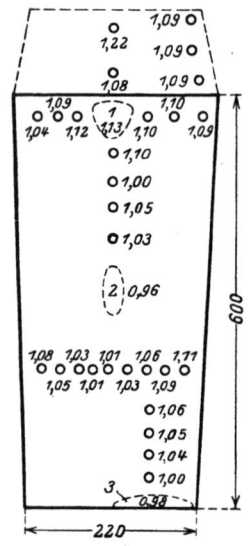

Abb. 23. Verteilung des Kohlenstoffes in einem Werkzeugstahlblock.

Die oben weite Kokille hat aber auch ihre Schattenseiten, deren hauptsächlichste das schwerere Strippen ist. Man muß entweder das obere Blockende mit einer Kette fassen, was bei Anwendung nicht aufgesetzter, sondern eingelegter Warmhauben nur durch Herausstoßen vom unteren Ende aus möglich ist oder man muß in das obere Ende des noch flüssigen Blockes einen Eisenhaken einführen und kann dann den Block unmittelbar durch Anziehen am Haken entfernen. Andere Mittel sind, die Kokille mit dem Bodenende nach oben zu stellen oder aufklappbare Kokillen zu verwenden. Das letztere Verfahren ist in Martin- oder Thomaswerken zu langwierig und braucht mehr Hüttenraum als gewöhnlich vorhanden ist, ist aber in Tiegelstahlwerken gut anwendbar. Alle Vorteile des rascheren Erstarrens durch Anwendung einer unten dickeren Kokille wird man oft auch dann erreichen, wenn die Außenflächen der Kokille vertikal sind und nur die Innenflächen auseinanderlaufen, wodurch die Erstarrung wie erwünscht, von unten nach oben fortschreitet.

Zu beachten ist auch, daß bei Kokillen die oben weiter sind, immer die schwächeren Bodenteile des Blockes rascher erkalten und sich von der Kokille ablösen, wodurch der Block hängen bleibt und Querrisse entstehen können. Dies wäre tatsächlich sehr häufig der Fall, wenn der Block nicht in den meisten Fällen stark genug wäre, sein eigenes Gewicht zu tragen.

Es ist eine Erfahrungstatsache, daß Tiegelstahlblöcke, die sich auf 100 mm Höhe etwa 8—10 mm verbreitern, nicht reißen, sogar dann nicht, wenn die Bodenplatte der Kokille sehr uneben geworden ist und der Block am Boden stecken bleibt. Es ist aber ratsam, wenn das Steckenbleiben zu befürchten ist, bei auseinanderklappbaren Kokillen die Ringe sobald als möglich zu lösen. Der hängengebliebene Bodenteil selbst, ist aber fast immer rissig, denn der Block zieht sich nicht nur der Länge, sondern auch der Breite nach zuzammen. Die durch Vertiefung der Kokille entstandenen vorspringenden Teile des Blockes können der Zusammenziehung nicht folgen und bekommen Risse. Wenn das Bodenende solche vorspringende Teile zeigt, wird eine sorgfältige Untersuchung immer kleine Risse entdecken. Die nach unten sich verjüngende Blockform wird für Blöcke mit weniger als etwa 110 mm Durchmesser nicht allgemein gebraucht. Der Grund hierfür ist, daß bei der gewöhnlichen Verjüngung das schwächere Ende so eng wird, daß die Kokillenseiten zu leicht unmittelbar von dem Flüssigkeitsstrom getroffen werden. Ein solcher Block ist nicht einwandfrei, weil diese Oberflächenfehler beim späteren Walzen oder Schmieden zu Rissen, Überlappungen, Nähten oder dergleichen führen. Bei hartem Stahl, besonders bei stark legiertem, kann ein Spritzer tiefe Querrisse im geschmiedeten Stahl zur Folge haben.

Oft haften Teile des flüssigen Stahles, welche die Wände der Kokille gestreift haben, an dieser fest und sind nicht nur erstarrt, sondern schon verhaltnismäßig kalt, bevor sie der in der Kokille steigende Stahl erreicht und bedeckt hat. Der kaltgewordene

Spritzer löst sich niemals wieder völlig auf und seine Temperatur kommt der Temperatur des Blockteiles in dem er liegt nicht gleich. Wenn der Block sich daher der Länge nach verkürzt, so wird sich der Spritzer nicht in demselben Maß verkürzen und der Verkürzung des Blockes Widerstand entgegensetzen, wodurch sich kleine Risse um den Spritzer herum bilden. Diese kleinen kaum sichtbaren Risse kommen später im geschmiedeten Stahl sicher zum Vorschein.

Es kommt auch vor, daß der Stahl unmittelbar unter einem Spritzer blasig ist. Dies ist die Folge der Oberflächenoxydation in der Zeit, während welcher der Spritzer der Luft ausgesetzt war. Wenn nun der flüssige Stahl mit der Oxydschichte in Berührung kommt, so bildet sich sofort Kohlenoxyd oder Kohlendioxyd, genau so wie bei einer rostigen Kokille (s. S. 30). Wir haben darauf hingewiesen, daß ein Block mit dem weiten Ende oben, abgesehen vom Lunker, keine Hohlräume aufweist; eine Ausnahme davon bilden nur die Erscheinungen, wie sie in Abb. 9 zu sehen sind. Die zwei in Abb. 24 dargestellten Stearinblöcke sollen dies verständlich machen. Sie wurden gleichzeitig in ähnliche runde Formen gegossen, eine davon aber bei viel höherer Temperatur. Im flüssigen Zustand waren beide Blöcke gleich lang, erkaltet war der links befindliche, heißgegossene erheblich kürzer und viel grobkristallinischer. Der Hohlraum in der unteren Hälfte des letzteren ist kein Lunker, wie er dem Zusammensinken der Flüssigkeit zuzuschreiben ist, sondern der Zusammenziehung des warmen bereits festgewordenen Stearins. Er ist entstanden, weil der Außenteil

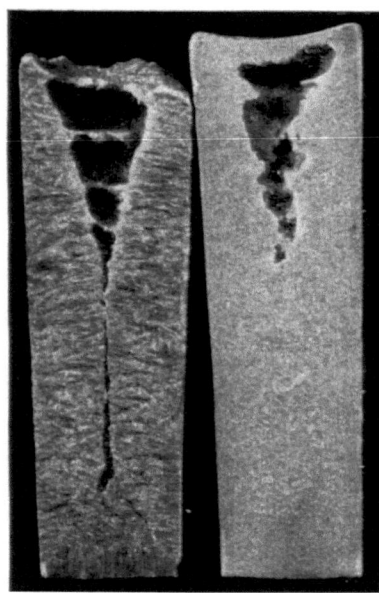

Abb. 24. Lunker und Schwindung in heiß und kalt gegossenen Blöcken.

des Blockes zu steif war, um der Zusammenziehung nachzugeben. Das Stearin in der Blockachse war sowohl wegen der höheren Gießtemperatur als auch wegen des schwächeren Zusammenhaltes der groben Kristalle nachgiebig. Es ist bemerkenswert, daß der Hohlraum nach unten breiter wird und teilweise sogar längs des Bodenkegels sichtbar ist. Die Blöcke nach Abb. 24 verjüngen sich nach unten wenig und es könnte vielleicht angenommen werden, daß die Erstarrung nicht vollkommen von unten nach oben vor sich ging und der untere Hohlraum eine Fortsetzung des Lunkers ist. Um diesen Einwand zu entkräften, wurden wieder Blöcke derselben Form und auch andere mit stärkerer Verjüngung heiß gegossen, und trotzdem zeigten die letzteren auch dieselben Erscheinungen. Abb. 24 bestätigt auch das, was auf S. 14 über die Brückenbildung gesagt wurde. Man sieht hier an dem heiß gegossenen Stearinblock mehrere verhältnismäßig dünne Brücken. Sie sind dünner, weil das heiße Stearin rascher wegsank und sie sind in größerer Zahl vorhanden, weil die Brücke leicht durchbricht und Luft einläßt. Der kaltgegossene Block bildet dagegen eine stärkere Kruste, weil die Flüssigkeit kälter war und weil sie langsamer wegsank. Diese stärkere Kruste ist nicht durchlöchert und es entstand deshalb keine zweite Brücke.

Die Verfasser haben ein einziges Mal so etwas wie einen Schwindungshohlraum in einem nach unten sich verjüngenden Stahlblock gesehen. Der Grund war der, daß der Block besonders heiß gegossen worden war, und zwar so heiß, daß die Kokille vom flüssigen Stahl stark beschädigt wurde, was das Steckenbleiben an den Seiten und das Aufreißen in der Mitte begünstigte. Aber obgleich sich solche Hohlräume im Stahl, wegen seiner größeren Festigkeit im Vergleich zu Stearin, selten bilden mögen, so besteht kein Zweifel darüber, daß die Kontraktionskräfte zu Rissen im Innern des Blockes führen können. Wenn dieses Bestreben noch durch die plötzliche Ausdehnung des Blockaußenteiles, die auf das Einsetzen in einen heißen Wärmofen folgt, vergrößert wird, so kann der Kern reißen, weniger wegen der Nachlässigkeit des Ofenwärters als des Schmelzers.

Es ist die Frage aufgeworfen worden, wer die Art des Gießens von verjüngten Blöcken mit dem weiten Ende nach oben eingeführt hat und zu welcher Zeit. Die Verfasser sind nicht imstande diese Frage zu beantworten, jedoch ist es ganz gewiß, daß das Verfahren ehe es allgemein von den Tiegelstahlerzeugern von Sheffield gebraucht wurde, als Geschäftsgeheimnis gehütet worden war. Solche Kokillen waren schon 1881 in Landore für runde Blöcke, die zu Blech verwalzt wurden, im Gebrauch. Die Kokillen waren oben 225 mm und am Boden 185 mm weit und hatten etwa die Form eines Blumentopfes. Sie waren mit Zapfen versehen, so daß die Blöcke gestrippt werden konnten, wenn man die Kokille umdrehte. Auch die schwedischen Stahlwerker haben viele Jahre ihre Blöcke mit dem weiten Ende nach oben gegossen und dieses Verfahren hat unzweifelhaft einen sehr günstigen Einfluß auf den Ruf des schwedischen Stahles gehabt.

4. Die Form der Kokillen.

Einige besondere Formen die seinerzeit vorherrschend waren, sind nun völlig verschwunden. Es ist erstaunlich, daß lange Zeit noch Kokillenformen im Gebrauch waren, die unmöglich fehlerfreie Blöcke ergeben konnten, trotzdem die Stahlwerker 50 bis 60 Jahre Gelegenheit zu genauer Beobachtung hatten und sonst der praktische Blick, z. B. bei der Unterscheidung der Härtegrade, verläßlicher war als die Analyse. Sie beobachteten und erkannten geringfügige Unterschiede, die das jüngere Geschlecht, das sich auf die Analyse verläßt, nicht mehr sieht. Sie wußten wohl, daß Blöcke, die gelegentlich unerwartet gebrochen wurden, Fehler aufwiesen, fragten aber nicht nach einer Erklärung dafür. Von ungebrochenen Blöcken nahmen sie der Bequemlichkeit halber im voraus an, daß sie ohne Innenfehler waren. Wenn sie aus ihren Beobachtungen die richtigen Schlüsse gezogen hätten, so wären die Blöcke schon vor 30—40 Jahren mit dem weiten Ende nach oben und mit warmen Hauben gegossen worden. Sie hätten einsehen müssen, daß parallelwandige Blöcke nicht fehlerfrei sein können, aber es war überkommener Glaube, daß Hohlräume und Blasen nur dem heißen Gießen zuzuschreiben wären.

Flache Kokillen. Bleche für Sägeblätter und für manche andere Zwecke wurden oft aus Flachblöcken gewalzt. Dies ist aber, was die üblen Folgen des Lunkers betrifft, die allerschlechteste Blockform. Die Oberfläche des Lunkers in einem Flachblock ist viel größer als an einem gleich schweren Quadratblock und wenn der Lunker nicht vollkommen blank ist und nicht zusammenschweißt, wird das daraus gewalzte Blech in größerem Umfange fehlerhaft sein.

Versuche mit Lehmstücken quadratischen und rechteckigen Querschnitts können leicht sofort ein anschauliches Bild davon geben. Man höhlt die Stücke aus, füllt die Höhlung mit einer entsprechenden Masse aus und preßt sie dann flach. Ein ähnlicher Versuch kann auch mit Stahl vorgenommen werden indem man den Lunker, wenn der Block noch heiß ist, mit geschmolzenem Kupfer anfüllt.

Die Breitseiten flacher gußeiserner Kokillen krümmen sich oft nach innen, was bei auseinanderklappbaren Kokillen noch durch das Einschlagen des Keiles, der mit den Ringen die zwei Hälften zusammenhält, begünstigt wird. Die Folge davon ist, daß sich der Lunker in zwei Teile teilt. Man kann dies vermeiden, wenn man die Breitseiten etwas konvex gestaltet. Um die Lebensdauer der Kokillen zu verlängern, ist es auch vorteilhaft, sie dort, wo die Wärmeabgabe des Blockes am größten ist, am dicksten zu machen. Die Schwindungshohlräume in Flachblöcken, die an der Breitseite schwach konvex sind, sind augenscheinlich nicht die Fortsetzung des Lunkers, sondern verlaufen längs der Schnitte jener Keile gleichgerichteter Kristalliten, die von den Schmalseiten und dem Boden ausgehen.

Runde Kokillen. Unter den Vorteilen, die für runde Blöcke angegeben werden, wird besonders die Tatsache hervorgehoben, daß die Blockoberflächen im Verhältnis zum Gewicht geringer sind als bei allen anderen Blockformen. Dies ist natürlich nur dann ein Vorteil, wenn der Block Oberflächenfehler enthält, und sogar dann wird sich irgendein Fehler im runden Block mehr auswirken, als ein gleichartiger Fehler in einem Achteck- oder Flachblock. Es ist wahr, daß Fehler in runden Blöcken leichter entfernt werden können als ähnliche Fehler auf der Oberfläche eines Flachblockes. Auch ist es richtig, daß bei der ersten Warmformgebung eines runden Blockes sich der Zunder leichter ablösen wird, so daß die Gefahr des Hineinpressens verringert wird.

Aber alle Vorteile zusammen sind in keinem Falle groß und es stehen ihnen beträchtliche Nachteile gegenüber. Runde Blöcke reißen sowohl innen wie außen leichter. Risse, wie sie sich an der Außenseite runder Blöcke bilden, rühren vom Innendruck her, der in einem runden Block auf die Flächeneinheit größer ist als in irgendeiner anderen Blockform. Der Druck von innen auf die Oberfläche eines Blockes entsteht aus folgenden Gründen: Erstens durch das Gewicht der Flüssigkeit im Innern, nachdem die Randschichten des Blockes erstarrt sind und sich von der Form abgelöst haben und zweitens durch die Ausdehnung des heißeren Innern im schon erstarrten Block, wenn der Stahl durch den Perlitumwandlungspunkt A_{r_1} geht, der bei gewöhnlichem Stahl um 700° C liegt. Heißes und schnelles Gießen unterstützt die erstere Art des Reißens, die letztere wird durch schnelles Abkühlen gefördert. Eine Prüfung des Bruches wird im ersteren Falle sicher langstrahliges Gefüge zeigen; im letzteren Falle können die auf Seite 38 erörterten Umstände maßgebend sein.

Die nach dem Harmet-Verfahren gepreßten Blöcke sind ein gutes Beispiel dafür, daß infolge des Druckes von innen die erstarrte Randschicht reißt. Sie werden manchmal rundgegossen und sind mit der wassergekühlten Kokille solange in Berührung, wie sie sich unter Druck befinden. Um die dadurch erhöhte Reißgefahr möglichst einzuschränken, bringt man sie nach dem Strippen in Ausgleichsgruben oder unmittelbar in vorsichtig gefeuerte Wärmöfen.

Innenrisse entstehen bei runden Blöcken nach dem Strippen oder während des Erwärmens auch noch aus demselben Grunde, aus dem runde Stangen Werkzeugstahls manchmal beim Härten oder Anlassen in der Mitte aufreißen. Die Außenseite eines großen Blockes ist schon lange starr und unbildsam, ehe noch das Innere aufgehört hat sich zusammenzuziehen. Wenn also der Außenteil durch Erwärmung im Wärmeofen oder durch Wärme von Innen, in der Ausgleichsgrube sich ausdehnt, so wird durch die vermehrte Zugbeanspruchung die Neigung des Mittelteiles, zu reißen, verstärkt. Am leichtesten geschieht dies natürlich längs der Fehlstellen. Die Gefahr von Innenfehlern ist bei runden Querschnitten immer am größten, weil die Spannungen vollkommen symmetrisch sind und alle auf die Mitte hinzielen. Ein zweiter Grund ist noch der, daß die Gesamtausdehnung des Blockes schon verhältnismäßig groß ist, bevor die Randschichte warm genug wird, um dem Druck nachgeben zu können, im Gegensatz zu den Kanten quadratischer Stücke, die beim Erwärmen voreilen und bald den inneren Spannungen folgen können. Bei flachen Querschnitten können sich die Spannungen noch leichter auslösen als bei quadratischen und sie reißen daher nicht, selbst wenn sie sehr dick sind.

Mitunter wurden früher große runde Blöcke z. B. für Geschützrohre und Schiffswellen in gußeiserne Kokillen gegossen die mit Formmasse oder Silikamaterial ausgefüttert waren. Die feuerfeste Ausfütterung verlangsamte die Abkühlung sehr stark und verminderte die mit dem heißen Gießen verbundenen Nachteile. Die feste Randschichte bildet sich später und es besteht deshalb nicht dieselbe Neigung zur Transkristallisation und der Block ist auch, nachdem er sich von der Kokille losgelöst hat, leichter imstande dem Flüssigkeitsdruck zu widerstehen. (Weil das Loslösen später eintritt.) Die Temperatur des Blockes ist gleichmäßiger und die Gefahr von Außenrissen geringer. Aber trotz aller dieser Vorteile wird es heute wohl kaum ein Stahlwerker unternehmen, große Blöcke runden Querschnittes in gefütterte Kokillen zu gießen; und zwar deshalb nicht, weil die Herstellungskosten zu groß, die Abkühlung und das Strippen zu langwierig sind und teilweise, weil infolge der langsamen Abkühlung die Seigerungen stärker werden. Ein Mittelweg bestand darin, daß man lange Quadratstäbe an der Innenseite der Kokillen anbrachte und ihre Zwischenräume mit feuerfestem Stoff ausfüllte. Der Stahl erstarrte dann zuerst an den Stäben, konnte sich aber erst loslösen, wenn auch die an den feuerfesten Steinen anliegende erstarrte Stahlhaut stark genug geworden war, um dem Flüssigkeitsdruck zu widerstehen. Die Herstellung dieser Kokillen ist aber sehr kostspielig.

Es ist möglichst zu vermeiden, runde Stäbe aus runden Blöcken zu schmieden, denn beim Strecken eines runden Stückes unter dem Hammer entstehen sehr leicht Innenrisse. Deshalb wird man jeden Block, sei er nun rund oder nicht, so schmieden, daß er so lange als möglich quadratischen Querschnitt beibehält. Das Außerachtlassen dieser Vorsicht ist für solche Fehler verantwortlich, wie sie Abb. 25 zeigt, wo Stäbe dargestellt sind, die absichtlich von einem fehlerfreien Stab größeren Querschnitts in unzweckmäßiger Weise verschmiedet wurden. Das Gesagte gilt natürlich nicht bei der Verarbeitung von runden Blöcken zu Hohlstücken durch Lochen über einem Dorn.

52 Kokillen.

Die Gefahr des Reißens von runden Blöcken wächst mit der Härte des Stahles und es ist ganz unmöglich, sehr große Blöcke Schnelldreh- oder lufthärtenden Stahl in gußeisernen Kokillen vollkommen fehlerfrei herzustellen. Die Gefahr verringert sich mit dem Durchmesser des Blockes und es ist deshalb angebracht runden Blöcken solcher Stähle keinen größeren Durchmesser als 250 mm zu geben[1]).

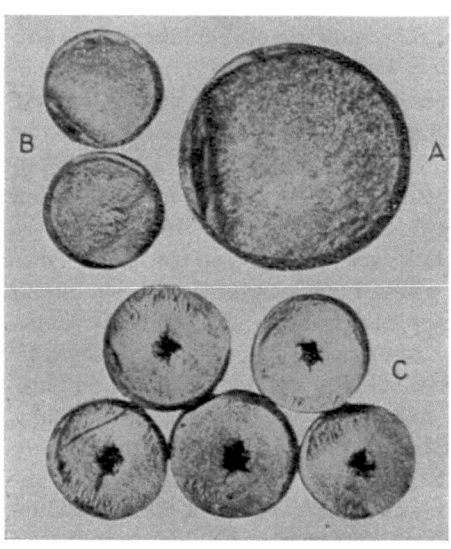

Abb. 25. A Ursprünglicher Stab. B Richtig geschmiedeter Stab. C Unrichtig geschmiedeter Stab.

In Deutschland und Österreich, und in kleinerem Maße auch in England werden erstklassige Stähle in Rundkokillen gegossen und vor dem Schmieden die Oberflächenfehler durch Abdrehen entfernt. Dieses Verfahren scheint empfehlenswert zu sein. Bei bestimmten Stählen z. B. für Bleche, Moletten, Walzen, Gesenken und allen lufthärtenden Stählen ist die Beschaffenheit der Blockoberfläche verantwortlich für viele Fehler, die dann im fertig geschmiedeten oder gewalzten Stück den Stahl gänzlich unbrauchbar machen. Deshalb erfordern selbst die sorgfältigst gegossenen Blöcke ein Putzen und müssen oft noch nach dem Vorwalzen oder Vorschmieden gebeizt und um weitere Fehler zu vermeiden im Knüppel geschliffen oder gemeißelt werden. Trotz aller Sorgfalt findet man oft noch bei der schließlichen Bearbeitung in der Maschinen- oder Werkzeugfabrik Fehler, die von Oberflächenschäden ausgingen. Eine gewisse Sicherheit wird dadurch erreicht, daß die Abmessung des Schmiedestückes oder Stabes erheblich größer macht als die Endabmessung und man daher ziemlich viel ab-

---
[1]) Nach den Erfahrungen des deutschen Bearbeiters kann man auch beträchtlich größere Blöcke von Schnelldrehstahl fehlerfrei gießen.

arbeiten kann. Abgesehen von den Kosten, bedeutet dies aber noch immer keine völlige Sicherheit.

Rundblöcke können nach dem Weichglühen bequem abgedreht werden. Dieses Verfahren gibt befriedigende Ergebnisse und ist letzten Endes billiger als das Abschleifen oder Abmeißeln und Beizen. Wenn erhebliche nicht mehr gutzumachende Fehler vorhanden sind, so ist es natürlich besser, den Stahl wieder einzuschmelzen anstatt erst viel Geld und Mühe daranzusetzen und sich dem Mißtrauen des Kunden, kostenlosen Nachlieferungen, nutzlosen Frachten und ähnlichen Mißlichkeiten auszusetzen. In Fällen, in denen der Block sofort auf das Stabmaß verwalzt werden muß ist fehlerfreie Oberfläche besonders erforderlich.

Aber auch das Abarbeiten aller Oberflächenfehler bietet noch keine Gewähr dafür, daß der Stab oder das Schmiedestück vollkommen einwandfrei sein werden. Wenn der Block, etwa infolge zu heißen Gießens spröde ist, so entstehen beim Walzen oder Schmieden Risse, ohne Rücksicht auf das vorhergegangene Schruppen der Oberfläche. Aus diesem Grunde könnte es unter Umständen besser sein, Quadratblöcke in Rundknüppel vorzuwalzen und erst diese abzudrehen.

Achteckkokillen. Der Flachblock ist vom Standpunkte der Festigkeitslehre der sicherste, denn die Breitseiten werden sowohl dem Druck von innen wie von außen nachgeben können. Die nächst sicheren sind die Quadratblöcke, die bequemer weiter zu verarbeiten sind, abgesehen davon, daß man sie leichter fehlerfrei bekommt. Der Quadratblock ist daher der am häufigsten verwendete. Was aber die mit dieser Form verbundenen Nachteile betrifft, so muß auf die vorhergehenden Abschnitte verwiesen werden.

Vieleckkokillen mit konvexen Innenflächen werden für große Blöcke z. B. zur Erzeugung von Kanonenrohren, Schiffswellen, Radreifen, großen Gesenkstücken usw. gebraucht. Angeblich sollen sie von T. E. Vickers etwa 1880 zuerst benutzt worden sein. Die Acht- und Sechseckform herrscht bei den Vieleckkokillen vor. Der Krümmungsradius der konvexen Fläche soll etwa so groß sein wie der Halbmesser des dem Vieleck umschriebenen Kreises. Die Achteckkokille ist ein Versuch, die mit Rundblöcken verbundenen Vorteile beizubehalten und ihre Nachteile zu vermeiden. Wahrscheinlich ist jeder Block, der seine Symmetrie bewahrt, ein Fortschritt gegenüber dem Rundblock, wenigstens was die Risse betrifft. Durch die Vermehrung der Krümmung in der Innenfläche der Achteckkokille wird die Kühlwirkung der Kokille erhöht. Gleichzeitig wird aber der Winkel zwischen zwei zusammenstoßenden Flächen immer kleiner. Die Spitze des Winkels zwischen den gebogenen Flächen einer Achteckkokille ist aber eine Gefahrenquelle; die Oberfläche des Stahles erstarrt sofort in diesen Teilen und schließt dort leicht oxydiertes Metall und oben schwimmende Schlackenteilchen ein. Solche Einschlüsse führen häufig zu Rissen.

Die größte Gefahr bei Achteckkokillen sind die Längsrisse, die an einer oder mehreren Kanten zu finden sind und an diesen entlang laufen. An solchen Rissen zeigt sich, soweit die Erfahrungen der Verfasser reichen, nadeliges Gefüge, das eher aussieht als ob es infolge eines Risses als infolge des Innendruckes der Flüssigkeit entstanden sei.

Reusch[1]) gibt einen sehr einleuchtenden Grund dafür an, warum bei Sechs- oder Achteckkokillen gekrümmte Flächen vorzuziehen sind:

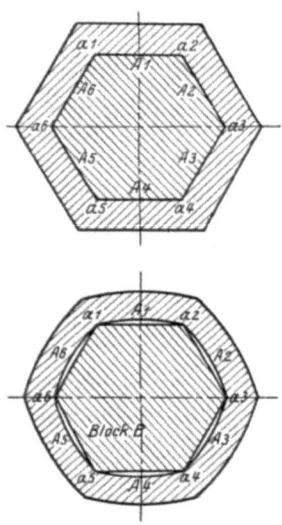

Abb. 26. Voraussichtliche Krümmung bei Sechseckkokillen.

„Ein Block mit parallelen Wänden (Abb. 26A) wird nach dem Guß die Kokille voraussichtlich nur an den Eckpunkten a_1, a_2, a_3, a_4, a_5 und a_6 berühren, während bei den Punkten A_1, A_2, A_3, A_4, A_5 und A_6 zwischen der sich ausdehnenden Form und dem schwindenden Block ein Zwischenraum entstehen wird, welcher nicht selten genügt, um den ferrostatischen Druck der im Innern des Blockes noch flüssigen Stahlsäule insofern zur Wirkung zu bringen, als derselbe die kaum erstarrte äußere Gestalt des Blockes infolge Fehlens einer Widerlage an den Punkten A_1, A_2, A_3, A_4, A_5 und A_6 zum Bersten bringt. Diese Neigung zum Bersten wird dadurch unterstützt, daß die erstarrte Haut in der ersten Zeit

---

[1]) Stahl und Eisen 23, (1903), 375.

nach dem Abguß bei a_1, a_2, a_3, a_4, a_5 und a_6 stärker sein wird, als bei A_1, A_2, A_3, A_4, A_5 und A_6. Ist dagegen die Kokillenwand, wie in Abb. 26 B dargestellt, verstärkt, so wird nach dem Obgesagten nicht nur die Ausdehnung der Kokille, sondern auch die Erstarrung und Schwindung des Blockes eine gleichmäßigere sein, letzteres aus dem Grunde, weil durch entsprechende Verstärkung der Kokillenwand denjenigen Punkten des Blockes die mehr Wärme abzugeben haben, Gelegenheit gegeben wird, diesen Wärmeüberschuß infolge Vorhandensein größerer Massen rasch abzuführen. Die Krustenbildung wird im ganzen Querschnitt gleichmäßiger fortschreiten und der Block infolgedessen weniger Neigung zum Rissigwerden zeigen."

Kokillenböden. Bei den bisherigen Betrachtungen wurde angenommen, daß die Kokillenböden eben sind. Dies ist aber durchaus nicht immer der Fall und auch nicht das wünschenswerteste. Die Höhe der Bodenpyramide (oder des Bodenkegels) ist je nach der Kühlwirkung der Bodenplatte größer oder kleiner. Wenn die Kokille auf einem Stein steht, so ist die Bodenpyramide kleiner als auf einer Eisenplatte. Man kann die Höhe der Pyramide aber dadurch verringern, daß man den Boden konkav gestaltet. Ein Block mit einem ungefähr halbkugelförmigen Boden hat auch eine Pyramide; da aber die Kristalle immer senkrecht auf den Kokillenboden wachsen, so wird die Pyramidenspitze durch die Krümmung des Bodens tiefer zu liegen kommen. Es wird auch weniger Abfall entstehen, wenn Seigerungen längs dieser Pyramidenfläche Fehler verursachen oder gar die ganze Pyramide heraustreiben. Bei weichem Stahl besteht diese Gefahr nicht; sie ist aber groß bei stark legierten, besonders bei Schnellstählen, die weniger bildsam sind und schlecht zusammenschweißen.

Noch ein anderer wichtiger Grund ist die Veranlassung, dafür, daß man gerundete Böden verwendet. Im Tiegelverfahren ist der Boden der Kokille meist halbrund oder parabolisch, damit durch das erste Auftreffen des geschmolzenen Stahles der untere Teil des Blockes nicht durch Spritzer Fehler bekommt. Man will auch dadurch so früh als möglich einen Sumpf von flüssigem Metall bilden, in den dann der Rest ohne Umherspritzen vergossen werden kann.

Bei großen von oben vergossenen Blöcken werden die Böden

aus demselben Grunde oft rund gemacht. Das erfordert natürlich, daß zu jeder Blockgröße ein besonders für sie bestimmter Boden gehört, wodurch allerdings die Gießvorbereitungen vermehrt werden. Um die schnelle Bildung eines Sumpfes von flüssigem Stahl, in welchen dann der Strom fallen kann, zu erleichtern, wird die Bodenplatte manchmal mit einer Vertiefung versehen, in die ein feuerfestes Tongefäß, etwa in der Form eines flachen Blumentopfes, gestellt wird. Mitunter werden zwei solcher Tongefäße in die Bodenplatte von großen Flackkokillen eingesetzt, die von zwei Kanalöffnungen gleichzeitig gefüllt werden. Jedoch ist dieses Verfahren nicht empfehlenswert, da dabei die Gefahr des Reißens in dem Bodenteil zwischen den beiden feuerfesten Gefäßen besteht. Dieselbe Gefahr besteht auch immer, wenn am Boden irgendwelcher Form, von dem fallenden Strom Vertiefungen ausgefressen werden. Um solche Schäden zu vermeiden, legt man in manchen Werken Holzspäne oder gebrauchte Putzwolle oder auch ein dünnes Stahlblech auf den Boden der Kokille.

Aber sogar, wenn ein Tongefäß benutzt wird ist es besser, es außerdem noch so einzurichten, daß der Boden der Kokille etwas nach unten gewölbt ist, weil das Abkühlen in der Flachbodenkokille stets mehr Rissegefahr birgt. Es entstehen in einem abgerundeten Boden nicht so leicht große Vertiefungen wie in einem flachen, weil dann der vertikale Strom nur auf eine kleine Fläche mit voller Kraft auftrifft. Auch findet in einem Block mit flachem Boden ein einmal begonnener Riß leicht einen Weg durch die nach oben gerichteten langstrahligen Kristallite, hingegen kann in einem Block mit rundem Boden ein Vertikalriß sich nicht so leicht fortpflanzen, weil er früher auf quer angeordnete Kristallreihen stößt. Der Riß wird bald abgelenkt und schlimmstenfalls bricht das runde Bodenende ab.

Der erste Teil der aus der Pfanne in eine hohe Kokille fallenden Flüssigkeit wird sofort teigig werden und die weggeschleuderten herumspritzenden Teilchen werden sogleich erstarren. Der oben geschilderte feuerfeste Bodeneinsatz vermindert dies, verhindert es aber nicht gänzlich. Das Metall, das verspritzt, oxydiert an der Oberfläche und wird vom noch flüssigen Metall umhüllt und unter Umständen wieder geschmolzen. Jedenfalls wird aber das Eisenoxyd in der Kokille gleich wirken, wie aus

Die Form der Kokillen.

dem Schmelzofen mitgebrachtes Eisenoxyd und als Ergebnis der Umsetzung zwischen dem Oxyd, dem Silizium, Mangan und dem Kohlenstoff wird Schlacke und Gas (CO) entstehen. Ein großer Teil der Schlacke, sowie ein Teil des Gases wird durch die schnelle Erstarrung des umgebenden Metalls zurückgehalten. Das Gas versucht aufzusteigen und nimmt dabei oft, wenn es stecken bleibt, eine birnförmige Gestalt an. Abb. 27 stellt Größe und Form solcher Gaseinschlüsse dar. Viele dieser Gashohlräume sind an ihrer Oberfläche vollkommen rein und metallisch. Sie können bei der Verarbeitung zusammenschweißen und beeinflussen dann die Eigenschaften des fertigen Stückes wenig. Wenn aber die Oberfläche infolge eingeschlossener Luft oxydiert ist, so ist Zusammenschweißen schwer möglich und es erscheint ein faseriges Gefüge als Folge sowohl der eingeschlossenen Schlacke, als auch der nichtverschweißten Hohlräume. Diese Faser zeigt sich besonders deutlich an Querproben. Es ist zwar schwer darüber eine endgültige Meinung auszusprechen, ob Schlacke im geschmolzenen Stahl löslich ist oder nicht. Wenn man

Abb. 27. Gasblasen in einem großen Block.

aus der Tatsache, daß der untere Blockteil oft weniger Schlacke enthält den Schluß ziehen wollte, daß die Schlacke nicht löslich ist, weil sie als unlöslicher Bestandteil in den zuletzt erstarrenden Teil gehen muß, so ist dieser Schluß falsch, denn der Bodenteil enthält, sehr oft, besonders bei langen Blöcken, infolge der im vorhergehenden Abschnitt geschilderten Umstände viel Schlacke. Wenn aber der Flüssigkeitsstrahl, ohne zu verspritzen, in die Kokille kommt oder wenn die verspritzten Teile sich wieder auflösen, solange das Metall noch flüssig genug ist, um die Reaktionserzeugnisse zum Zusammenfließen zu bringen und aufwärts steigen zu lassen, dann ist tatsächlich der untere Teil schlackenfreier als der obere. Diese Beobachtung kann man an großen Güssen in Sandformen machen oder in Fällen, wo durch irgendein Mißgeschick der Pfanneninhalt erstarrte. Dies hat aber sehr wenig damit zu tun, ob Schlacke im Stahl löslich ist oder nicht.

5. Kosten und Haltbarkeit der Kokillen.

Die Ausgaben für Kokillen bilden einen wichtigen Teil der Gestehungskosten, aber Sparen in diesem Punkte mag leicht des Guten zu viel sein und durch fehlerhaften Stahl zwei oder dreimal so viel Schaden hervorrufen als bei Kokillen gespart wurde. Natürlich wird man nicht in allen Werken gleich streng bei der Auslese der Kokillen vorgehen. Wenn eine Kokille in einem Massenstahlwerk noch brauchbar ist, wird sie für hochlegierte Stähle schon längst zu verwerfen sein. Nach den Erfahrungen der Verfasser kann man zufrieden sein, wenn im letzteren Falle die Kokille 50 Schmelzungen im Gebrauch ist, während im ersteren Falle die Zahl etwa doppelt so hoch ist. Über die Haltbarkeit von Kokillen kann keine allgemeine Regel angegeben werden, sie hängt aber hauptsächlich von der Form, der chemischen Zusammensetzung, der Geschicklichkeit des Kokillengießers und von den Betriebsverhältnissen ab.

Weder an der Innen- noch an der Außenseite sollen spitze Winkel sein, denn es werden wahrscheinlich mehr Kokillen wegen Kantenrissigkeit zurückzustellen sein als aus allen anderen Gründen zusammen. Dies macht sich besonders dann deutlich bemerkbar, wenn die Kokillen öfters nicht ganz gefüllt werden. Die Risse treten oben teilweise deshalb mit Vorliebe auf, weil der obere Teil der Kokille am unreinsten ist und dort den Graphit in gröbster Form enthält; hauptsächlich aber deshalb, weil der oberste leer gebliebene Teil durch die Ausdehnung der unteren viel heißeren Teile starken Spannungen unterworfen wird. Die Kokille wird daher dann länger halten, wenn Warmhauben aufgesetzt werden, so daß die Kokillen vollkommen gefüllt werden können.

Zum Anpacken beim Heben der Kokillen können sowohl Vertiefungen dienen als auch Henkel. Es ist wohl sehr leicht in der Zeichnung die Vertiefungen schön gerundet darzustellen, sie sind aber schwer so zu gießen. Angegossene Henkel sind besser als in die Gußform eingebrachte eiserne Stücke, da diese leicht brechen oder nach innen getrieben werden, wenn ein stecken gebliebener Block losgeschlagen wird. Es ist besser an jeder Seite eines Quadratblockes Henkel anzubringen, als nur an zwei gegenüberliegenden Seiten, weil die Spannungen so besser verteilt werden.

Die Kokille soll dort am dicksten sein, wo die größte Wärmemenge aufgenommen werden muß; das ist bei nichtrunden Blöcken in der Mitte einer Seitenfläche. Beim Gießen von unten sind sie vorteilhaft unten etwas dicker als beim Gießen von oben.

Kokillen werden gewöhnlich aus Hämatit hergestellt. Die Stahlwerker ziehen sie auch deshalb vor, weil die abgenutzten Kokillen als Ofeneinsatz anstatt Roheisen eingesetzt werden können, wodurch man etwa die Hälfte der ursprünglichen Kokillenkosten wieder hereinbringt. Das beste und vorteilhafteste Vorgehen könnte hier aber erst durch lange Versuche gefunden werden. Im Schrifttum ist über die chemiche Zusammensetzung und die Haltbarkeit fast nichts zu finden. Wenn irgendwo Ergebnisse vorliegen, so werden sie als Betriebsgeheimnisse zurückgehalten. Es ist sicher, daß innerhalb der zulässigen Schwankungen in der Zusammensetzung des Hämatits sich kein Unterschied in der Haltbarkeit der Kokille erkennen läßt. Die in der Zahlentafel 4 angeführten chemischen Zusammensetzungen beziehen sich auf Quadratkokillen, die sich gut bewährten. In anderen Fällen hat man dagegen die Erfahrung gemacht, daß Kokillen ähnlicher Zusammensetzung und sonst in jeder Hinsicht gleich, sich sehr schlecht verhielten.

Zahlentafel 4.

Anzahl der Schmelzungen	Zusammensetzung					Graphit
	Si	Mn	S	P	Gebund. C	
142	1,89	0,63	0,056	0,038	0,55	3,24
88	1,63	0,55	0,143	0,035	0,36	3,10
90	1,54	0,64	0,054	0,093	0,73	2,81
130	3,34	1,54	0,047	0,051	0,05	3,40
93	2,00	0,72	0,074	0,046	0,69	2,65

Oft wird geglaubt, daß allein Hämatit gute Kokillen für das Siemens-Martin- oder das Bessemer-Verfahren gibt und es wird behauptet, daß er aber für Tiegelstahlkokillen nur zweitklassiger Werkstoff sei. Einige Tiegelstahlkokillen von solcher abweichender vorteilhafterer Zusammensetzung enthielten z. B.: 0,5 vH gebundenen Kohlenstoff, 2,43 vH Graphit, 1,65 vH Silizium, 0,53 vH Mangan, 0,137 vH Schwefel, 0,279 vH Phosphor. Sie wurden aus einer Mischung von Hämatit und einem anderen Roheisen hergestellt und waren wirklich ausgezeichnete Kokillen. Für die Nachbeschaffung kam eine andere Kokillengießerei in Frage, die keinen Hämatit verwendete. Diese Kokillen enthielten: 0,46 vH gebundenen Kohlenstoff, 2,59 vH Graphit, 1,8 vH Silizium, 0,41 vH Mengan, 0,110 vH Schwefel und 0,343 vH Phosphor, und entsprachen ebenso gut wie die ersteren, die von Sheffield eingeführt waren. In Anbetracht der großen Menge von Stahl und Eisen die in Blockformen vergossen werden und der Ersparnis die bei einer größeren Dauerhaftigkeit zu erzielen wäre, wäre es wohl angebracht diese Frage weiter zu erforschen.

Der Kokillenverbrauch für die Tonne Stahl im Block schwankt beim Tiegelstahlverfahren zwischen 2 und 4 und beim Siemens-Martin-Verfahren zwischen 4 und 10 kg (die ganz großen Kokillen ausgenommen). Dies bedeutet, daß beim Siemens-Martin-Verfahren Kokillen die 1 bis 2 t wiegen, 120—550 Schmelzungen aushalten.

Von Zeit zu Zeit sind Versuche Stahlkokillen zu verwenden gemacht worden, doch liegen dem Verfasser darüber keine Ergebnisse vor. Veröffentlichungen über die Verwendung von Stahlkokillen sind sehr widersprechender Art; einerseits sagt man von ihnen, daß sie sich bald verziehen und augenscheinlich ohne Grund brechen, andererseits wird wieder behauptet, daß sie nach 100 Schmelzungen noch so gut wie neu sind. Thiele[1]) stellt fest, daß die Stahlkokillen für 250 Schmelzungen und Amende[2]), daß sie für 300 Schmelzungen zu gebrauchen sind. Beide Verfasser beschreiben die Herstellung der Kokillen und einer gibt sogar an, daß in einem Falle 704 Blöcke in eine Kokille gegossen wurden. Dieser Fall kann aber wohl nur als eine seltene Ausnahme angesehen werden[3]).

Die Geschicklichkeit des Graugießers ist eine der wichtigsten Umstände, welche die Haltbarkeit der Kokillen beeinflussen. Aus Aufzeichnungen die sich über mehrere Jahre erstrecken, entnehmen wir, daß Kokillen derselben Form und derselben chemischen Zusammensetzung aber verschiedener Herkunft in bezug auf ihre Haltbarkeit sehr verschieden sind. Das eine Erzeugnis ist gleich-

---

[1]) Stahl u. Eisen 31, 1285. 1911.
[2]) Stahl u. Eisen 491 u. 1637. 1913.
[3]) Schivetz, (Stahl u. Eisen S. 1897. 1922) bezeichnet neuerdings das Mißtrauen, das Stahlkokillen gegenüber besteht, als unbegründet. Er verwendet dafür einen Stahlguß mit 0,35—0,45 vH C. Die durchschnittliche Lebensdauer der Kokillen war 235 Schmelzungen.

mäßig gut, das andere gleichmäßig schlecht und dazwischen gibt es alle Abstufungen. Hauptfehler der Kokillen sind folgende: Einige haben Anfressungen oder Erhabenheiten und verursachen dadurch rauhe Oberfläche der Blöcke, andere zeigen schon von Anfang an starke Ungleichmäßigkeiten und Vertiefungen an der Innenfläche und werden dadurch beim Strippen leicht in Stücke geschlagen, weil der Block stecken bleibt. Andere wieder wurden zu heiß gegossen und rissen an den Kanten weil sie den unvermeidlichen Spannungen beim Erwärmen und Abkühlen nicht widerstehen können. Solange die Innenseite nicht beschmiert ist, kann man bei sorgfältiger Prüfung mit Ausnahme der heiß gegossenen alle schadhaften Kokillen herausfinden. In vielen großen Stahlwerken wäre eine planmäßige Untersuchung und Prüfung der Kokillen sehr lohnend, nicht allein aus den vorerwähnten Gründen, sondern auch deshalb, weil man dadurch zu vorteilhafteren und weniger zahlreichen Formen, und zu größerer Gleichmäßigkeit in den wichtigsten Einzelheiten, wie die Verjüngung nach oben, Form der Henkel usw., kommen würde. Kommt doch zum Beispiel der Fall vor, daß innerhalb desselben Werkes für dieselbe Blockgröße die Verjüngung von 2—10 vH schwankt. Stecken gebliebene Blöcke verkürzen die Haltbarkeit der Kokille, weil der Block länger warm bleibt und beim Herausschlagen leicht Risse entstehen. Das Auflagerhalten der Kokillen ist auch ein Umstand, der oft ungünstig ins Gewicht fällt, weil die Kokillen durch das lange Lagern rostig werden.

VI. Gießverfahren.

Die Gießverfahren sind in zwei Gruppen einzuteilen: in das Gießen von oben und das Gießen von unten.

Das erstere Verfahren wird stets angewandt, wenn so große Blöcke gegossen werden, daß sie den ganzen Inhalt einer Gießpfanne aufnehmen, das letztere Verfahren wird im allgemeinen dann gebraucht, wenn der Inhalt einer Gießpfanne auf eine große Anzahl von Kokillen verteilt werden muß. Jedes Verfahren hat seine Vorteile, beide können aber so nachlässig ausgeführt werden, daß der besterschmolzene Stahl dadurch verdorben wird. Die Aufmerksamkeit und Sorgfalt, die den Gießvorbereitungen gewidmet wird, ist ein Maß für die Zuverlässigkeit des Stahles eines Werkes und viele merkwürdige Verschiedenheiten in dem

Verhalten der Blöcke, die in verschiedenen Stahlwerken hergestellt wurden, stehen öfter mit dem Gießen, als mit dem eigentlichen Schmelzen oder der Auswahl der Rohstoffe in Verbindung.

Jede Zunahme der Ofengröße und damit der Gießpfannen erschwert die Herstellung fehlerfreier Blöcke. (Dies gilt natürlich nicht für kippbare Öfen, wo beliebige Mengen abgegossen werden können). Die Verwendung elektrischer Öfen für die Erzeugung von Werkzeugstahl muß als Beweis dafür angeführt werden. Solange Elektrostahl flüssig ist, lassen seine Eigenschaften nichts zu wünschen übrig. Er hat genau die gewünschte Zusammensetzung und sehr wenig Verunreinigungen wie Schwefel und Phosphor. Man erreicht jede gewünschte Temperatur um auch die am schwersten schmelzbaren Legierungsmetalle aufzulösen. Man kann beliebig lange Zeit auf Temperatur halten, um alle nicht metallischen Bestandteile zur Abscheidung zu bringen und all dies in einer nicht oxydierenden Atmosphäre. In allen diesen Punkten kann Elektrostahl den Vergleich mit Tiegelstahl aushalten und übertrifft ihn sogar vielleicht[1]). Elektrostahlblöcke müssen hingegen beim Vergleich mit Tiegelstahlblöcken meist zurückstehen. Sie haben nicht dieselbe glatte Oberfläche, und sind nicht so frei von Fehlern und fremden Bestandteilen.

Der Grund für diesen Unterschied liegt aber nicht darin, daß das Elektrostahlverfahren verhältnismäßig neu ist und auch nicht darin, daß sich damit zuerst die Elektriker und nicht die Stahlwerker befaßten, sondern darin, daß Tiegelstahl mit aller Sorgfalt, die ein geschickter Schmelzer anzuwenden imstande ist, gegossen wird und Elektrostahl mit all den Schwierigkeiten, die mit dem Gießen durch den Boden der Pfanne verbunden sind. Aus diesen Umständen heraus rechtfertigt sich die Ansicht, daß nach dem heutigen Stand die besten Werkzeugstähle ebenso wirtschaftlich durch das alte Tiegelverfahren als im Elektrostahlofen erzeugt werden können, wenn man nämlich berücksichtigt,

---

[1]) Es ist sehr fraglich, ob der Vorteil des Tiegelstahles allein in der geringeren Menge der Schmelzung liegt. Sehr wahrscheinlich spielen dabei auch metallurgische Vorgänge eine große Rolle. Vor allem muß dabei auch die verhältnismäßig große Tiegelwandung berücksichtigt werden, die besonders bei Gegenwart von Graphit während des ganzen Schmelzvorganges desoxydierend wirkt, auch die Art der Schlacke muß mit in Betracht gezogen werden. Der Bearbeiter.

daß der Abfall und der fehlerhafte Stahl beim Elektrostahl viel größer ist. Es ist selbstverständlich, daß bei großem Pfanneninhalt entweder die Gießdauer oder die Gießgeschwindigkeit zunehmen muß. Beides ist aber mit Rücksicht auf die Güte der Stahlblöcke nachteilig. Man kann daher wohl vorhersagen, daß die nicht kippbaren Schmelzöfen mit Rücksicht auf die Erzeugung verläßlicher Blöcke auch weiterhin von mäßiger Größe sein werden eine Ausnahme darin bilden nur große Blöcke, die für ein einziges Schmiedestück bestimmt sind und weiche billige Stähle.

1. Das Gießen von oben.

Der Hauptnachteil des Gießens von oben, das Verspritzen des Stahles, wurde schon besprochen. Die Seitenwände können nicht nur durch vom Boden abprallende Spritzer getroffen werden, sondern, wenn die Gießmuschel schadhaft ist, auch durch den Gießstrahl unmittelbar. An einer Seitenwand hängen gebliebene Spritzer verursachen Blasen, wie auf S. 57 beschrieben wurde. Wenn der Spritzer in die flüssige Masse zurückfällt verursacht er ebenso Entwicklung von Gas, das nicht immer entweichen kann. Das geringere Übel ist natürlich das Zurückfallen des Spritzers in die flüssige Masse, da er dort doch die Möglichkeit hat, wieder zu schmelzen und dann weniger Schaden verursacht. Wenn er hingegen an der Kokille hängen bleibt, so sind Blasen die sichere Folge und auch die Gefahr von Rissen wird dadurch verstärkt. Spritzer sollen deshalb mit einer spitzen Stange von der Kokille abgelöst werden. Aus demselben Grunde ist es angebracht, erstarrten Stahl von der Gießmuschel zu entfernen und wenn er auch in die Kokille fällt, so verursacht er weniger Schaden, als durch die Störung des glatten Auslaufes.

Es sind Versuche gemacht worden, um das Spritzen und die dadurch entstehenden Folgen zu vermeiden, aber die dafür empfohlenen Gegenmittel haben sich in der Praxis nicht allgemein durchgesetzt. Ein solches Mittel ist ein kegelstumpfförmiges Eisenblech, das in der Blockform hängt und an einem über eine Rolle laufenden Seil befestigt ist. Die Seilführung ist so geregelt, daß das Blech sich genau wie das Metall hebt und wenn ersteres am oberen Ende der Kokille ankommt, wird es entweder weggezogen oder dortgelassen. Die Innenseite des Bleches ist mit verschieden großen Spritzern bedeckt, die meistens rund

und hohl sind. Eine Prüfung von Blöcken, die in den Obutschoff-Werken in Petersburg auf solche Art gegossen wurden, zeigte, daß diese frei von gewöhnlichen Randblasen waren, weil die Spritzer vom Bleche abgefangen wurden.

Ein zweiter Vorschlag ist der, den Pfannenauslauf mit einer Eisenröhre, die mit Schamotte ausgekleidet ist, bis nahe an den Boden der Kokille zu verlängern. Während des Gießens wird in dem Maße, wie der Stahlspiegel in der Kokille steigt, die Pfanne gehoben. Es ist leicht, Einwände gegen beide Vorschläge zu machen und dem Verfasser ist es nicht bekannt, daß das zweite Verfahren in der Praxis versucht worden wäre. Wenn es sich jedoch als gut durchführbar erwiese, dann würde es den Vorteil besitzen, Spritzer und auch die Oberflächenoxydation des Gießstrahles zu vermeiden.

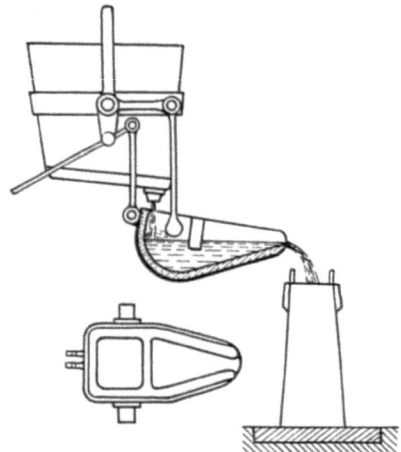
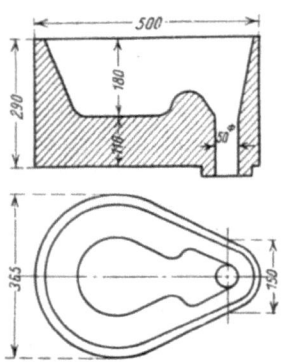

Abb. 28. Einrichtung, um Spritzer zu vermeiden. Nach Harbord.   Abb. 29. Einrichtung, um den Flüssigkeitsdruck zu vermeiden.

Andere Mittel bezwecken das Spritzen durch Verkleinern oder gar Ausschalten des Flüssigkeitsdruckes zu verringern. Die in Abb. 28 dargestellte Einrichtung nach Harbord[1]) ist mit der Gießpfanne fest verbunden. Die Einrichtung nach Abb. 29 kommt beim Gießen von Harmetblöcken zur Anwendung. Was die vom Verspritzen herrührenden Fehler anbelangt, so helfen solche Mittel. Die Erfahrung hat aber aus Gründen, die zum Teil in der unbequemen Handhabung liegen, dagegen entschieden. Es hat kei-

---

[1]) Harbord und Hall, Metallurgy of Steel.

nen Zweck die Spritzer zu vermeiden, wenn dadurch andere Fehler entstehen. Ein Blick auf Abb. 28 lehrt, daß es schwierig ist, den Flüssigkeitsstrom in der Blockachse zu halten. Wenn dieser nun die Kokillenwände trifft, so ist dies schlimmer als das Verspritzen. Dieser Einwand trifft für die Ausführung, wie sie in Abb. 29 dargestellt ist, nicht zu, da man die Stellung und Richtung des Ausflusses in der Hand hat. Spritzer sind am schädlichsten in langen schmalen Kokillen.

Ob Spritzer vorhanden sind oder nicht, auf jeden Fall muß das Metall mit einem solchen Druck ausfließen, daß der Flüssigkeitsstrom ununterbrochen ist. Wenn Wasser aus einem gewöhnlichen Wasserhahn fließt, so wird die zusammenhängende Wassersäule in einer bestimmten Entfernung in Tropfen zerreißen und verspritzen. Die Länge des ununterbrochenen Wasserstromes hängt von seiner Stärke und der Ausflußgeschwindigkeit ab. Wenn die Öffnung kreisförmig ist, so kann man die Stelle, bei der die Wassersäule unter dem Einfluß der Oberflächenspannungen zerreißt, errechnen. Wenn die Öffnung elliptisch ist, dann wechselt die Wassersäule zwischen zwei Stellungen, die im rechten Winkel zueinander liegen und zerreißt früher als eine mit kreisförmigem Querschnitt.

Letztere Betrachtungen passen auf die in Abb. 28 dargestellte Einrichtung. Der Flüssigkeitsstrom ist flach und es bleibt dem Zufall überlassen, ob er den Bodenteil geschlossen erreicht. Bei der Einrichtung nach Abb. 29 hängt es davon ab, ob der Ausfluß eng genug ist und ob das Zwischenpfännchen immer voll bleibt. In beiden Fällen aber wird, selbst wenn kein Verspritzen eintritt, eine größere Oberfläche flüssigen Metalls der Oxydation durch Luft ausgesetzt sein. (Oxydation des flüssigen Stahles, nachdem er schon im Ofen fertig gemacht wurde, ist schädlich, aber praktisch nicht zu vermeiden.) Daß eine solche Oxydation eintritt, zeigt sich schon in dem roten Rauch von Eisenoxyd, der von dem in die Pfanne fließenden Stahl aufsteigt und in der blauen Kohlenmonoxydflamme die den Gießstrahl umgibt. Dieser Rauch stört beim Messen der Temperatur durch optische Pyrometer. Er ist bei kalten Schmelzungen weniger dick. Im Pyrometer zeigt sich daher eine zu niedrige Temperatur; das ist mit ein Umstand, warum die Ofenleute den pyrometrisch gemessenen Temperaturen oft nicht glauben. Diese Oxydationserzeugnisse vermehren die Schlackeneinschlüsse und wenn man größere Oxydationsmöglichkeit durch Zwischenpfannen und Pfännchen in Kauf nimmt, so müßte dieser Nachteil in anderer Weise ausgeglichen werden.

Eisenoxyde schwimmen an der Oberfläche und steigen in der Kokille als Kruste von größerer oder geringerer Dicke mit. Die Abwesenheit einer solchen Kruste bedeutet aber nicht, daß keine Oxydation stattgefunden hat; denn es kann die Stahltemperatur hoch genug sein, die Oxyde geschmolzen zu halten. Die letzteren oder ihre Wirkungen werden sicher noch erscheinen, wenn der Block verarbeitet ist und die Schmiede- oder Walzerzeugnisse genau geprüft werden.

Wenn sich jedoch eine solche Kruste bildet, wie stets bei gewissen Stahlarten (besonders bei Chromstählen), kann sie beobachtet und zum großen Teil unschädlich gemacht werden. Die Kruste ist am härtesten und dicksten in der Nähe der Kokille. Sie kann sich nicht in der Mitte bilden, weil dort beim Gießen von oben der Gießstrahl auftrifft und beim Gießen im Gespann die lebhafteste Bewegung herrscht. Sie wird infolge ungleicher Stärke und infolge des Druckes der steigenden Flüssigkeit konvex. Wenn sich die Kruste nicht von den Seitenwänden der Kokille löst, so wird sie durch das steigende Metall gebrochen, gegen die Kokillenwand gedrückt und der Stahl fließt darüber. Auf diese Weise können sich dann unmittelbar unter der Oberfläche oder auch bis zu 25 mm davon entfernt Gasblasen bilden. Der Schaden, den diese anrichten können, ist klar, wenn man bedenkt, welche Fehler daraus z. B. bei feinen Blechen, Stäben usw. entstehen.

Eine Schichte Teer an der Innenseite der Kokille schützt diese bis zu einem gewissen Maß vor dem Ankleben der Kruste. Man könnte befürchten, daß die sich aus dem Teer entwickelnden Gase schädlich sind (ähnlich wie die Gasentwicklung bei rostigen Kokillen); die Gasentwicklung findet aber bei einer niedrigen Temperatur und näher der äußeren Oberfläche des steigenden Metalles statt und die Gase entweichen bevor sie der Stahl einschließen kann. Bei kleinen Kokillen (etwa $\varnothing$ 80 mm), wo der Stahl schneller steigt, liegt die Gefahr von Randblasen infolge Teerens allerdings nahe. Wenn eine Kokille während des Bestreichens zu heiß ist, verkohlt der Teer und der Anstrich verliert dadurch seinen Wert.

Gießt man den Block über die Schnauze oder so wie in Abb. 28 dargestellt ist, so ist er dort, wo die Rückseite des Gießstrahles war, unreiner als an den übrigen drei Seiten; vermutlich deshalb, weil Oxydationserzeugnisse und Schlacken nach rückwärts fließen, dagegen reißt der Block am wahrscheinlichsten an der gegenüberliegenden Seite, wohl deshalb, weil er dort am heißesten wird und länger heiß bleibt als an den drei anderen Seiten.

Angaben über die Geschwindigkeit, mit der ein Block gegossen werden soll, sind nicht von großem Wert. Je langsamer das Vergießen, desto kleiner ist der Lunker, aber um so größer die Möglichkeit, daß der Auslauf zufriert oder erstarrte Teile den glatten Auslauf stören. Sogar aus dem Tiegel kann man nicht mit festgesetzter Geschwindigkeit gießen; bei kälteren Schmelzungen oder überhaupt bei Graphittiegeln (die besser die Wärme leiten als Tontiegel), muß rascher gegossen werden.

Es braucht viel Erfahrung, um die richtige Gießmuschel für das Gießen hochwertiger Stähle zu wählen. Sehr große Pfannen sind oft mit zwei Muscheln versehen und der Betriebsführer entscheidet sich erst dann für die eine oder andere, wenn er gesehen hat, wie die Schmelzung in die Pfanne gelaufen ist. Der großen Muschel den Vorzug zu geben ist nur bei Massenwerken erlaubt, dagegen ist dies bei hochgekohlten und bei legierten Stählen oft die Ursache von Rissen und anderen Fehlern. Gießt man eine heiße Schmelzung durch eine weite Muschel, so wird es immer zu Störungen führen, ob man den Stopfen weit öffnet oder ihn ziemlich herunterdrückt. Im letzteren Fall wird das flüssige Metall verspritzen oder das Stopfenende wird durch den heißen Stahl weggewaschen und das Hinführen der Pfanne zur nächsten Kokille ist dann immer mit einem kleinen Feuerwerk verbunden.

Eine ganz ausgezeichnete Einrichtung ist von Batty ausgedacht worden. Sie ist in Abb. 30 dargestellt und kann auch bei schon vorhandenen Pfannen angebracht werden. Die Einrichtung besteht aus einer zweiten Muschel die unterhalb am Pfannenboden befestigt wird. Zur Befestigung können Haken und Keile, die in passender Entfernung angebracht sind, dienen oder wie die Abbildung zeigt, kann die zweite Muschel an einer Seite in einem Zapfen b eingehängt und an der anderen Seite durch einen

Bolzen c und den Keil d oder an beweglichen Klinkhaken befestigt werden. Das Ganze ist so angebracht, daß man durch Herausschlagen des Keiles oder Aushaken des Klinkhakens die zweite Muschel a herunterfallen lassen kann, so daß die ursprüngliche Ausflußöffnung frei gelassen wird. Diese zweite Muschel e paßt genau an das Ende der ersten e' und hat eine schmälere Öffnung f, die beliebig viel kleiner sein kann als die Öffnung der oberen Muschel f. Wenn also die zweite Muschel angebracht ist und der Stopfen gehoben wird, so wird der Ausfluß durch die zweite Muschel so lange gehemmt, bis man den Keil oder Klinkhaken herausschlägt und dadurch die untere Muschel entfernt.

Die Erfindung Battys ist bei weitem nicht so bekannt und benutzt als sie es verdient. Ihr Hauptvorteil ist, daß die Größe der Gießöffnungen zwischen zwei Blöcken oder Blockgruppen zur beliebigen Zeit gewechselt werden kann, z. B. dann, wenn von oben gegossen wird und sich etwa der erste Block zu rasch

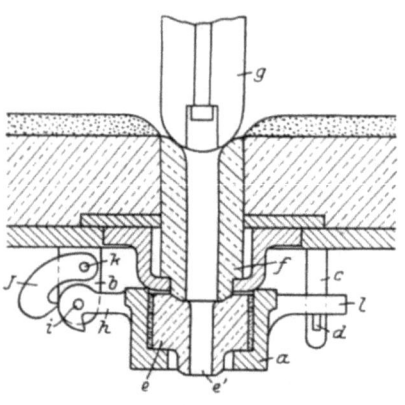

Abb. 30. Schnitt durch die Hilfsmuschel. Von Batty.

füllt. Es ist durch dieses Hilfsmittel auch möglich, immer mit der voll geöffneten Muschel zu gießen und so die Abnutzung des Stopfens und die Gefahr, daß das Stopfenende zerstört wird, zu verringern. Eine voll geöffnete Muschel ist unerläßlich für ein glattes Ausfließen mit wenig oder keinem Verspritzen, wodurch es selbstverständlich leichter wird oberflächenreine Blöcke zu gießen.

Wenn eine große obere Muschel in Gebrauch ist, so bietet das Batty-Hilfsmittel fast jeden Vorteil, den man bei einer Pfanne sonst nur mit mehreren Muscheln haben kann und außerdem noch bei viel geringeren Kosten, Aufmerksamkeit, Arbeit und Gefahr. Gibt die zweite Muschel zu wenig Auslauf, so kann sie durch eine größere ersetzt werden oder im entgegengesetzten Falle durch eine kleinere. Wir wissen nicht, ob die Batty-Muschel viel für das Gießen

Das Gießen von oben.

im Gespann gebraucht worden ist, aber da auch beim kommunizierenden Guß, ein geschlossener Gießstrom gegenüber einem zerrissenen von Vorteil ist, mag diese Vorrichtung auch dafür zu empfehlen sein.

Der Gebrauch von Magnesitmuscheln ist besonders von Williamson beim Gießen von oben sehr befürwortet worden. Man hat geglaubt, daß sie die meisten Fehler, die mit unrichtiger Gießgeschwindigkeit zusammenhängen, vermeidet, weil sie ihre Weite vom Anfang bis zum Ende des Gießens beibehält. Es erscheint jedoch zweifelhaft, ob eine gleichbleibende Muschelöffnung wirklich ein Vorteil ist. Zieht man den Stopfen, um seine rasche Abnutzung zu vermeiden, genügend nach oben, dann kann eine gleichbleibende Geschwindigkeit des Gießstrahles bei einer einzigen Muschel nur dann möglich sein, wenn deren Öffnung nach und nach, entsprechend dem Verringern des Flüssigkeitsdruckes wächst. Eine Schamottemuschel, die sich in dem richtigen Ausmaß weitet, wäre das wünschenswerteste. Sie kann sich selbstverständlich zu weit öffnen und dann bleibt nichts übrig als zu rasches Gießen in Kauf zu nehmen oder den Stopfen ganz zu schließen, wobei Stahl verspritzt oder der Stopfen verloren gehen kann.

Betrachten wir nun die Magnesitmuschel und nehmen wir z. B. an, die Öffnung wäre so gewählt, daß der erste Block mit der richtigen Geschwindigkeit gegossen wird. Da die Öffnung gleich bleibt, wird der zweite Block langsamer und der dritte noch langsamer gefüllt werden. So wird also die Änderung der Gießgeschwindigkeit im Verlauf des Gießens bei Magnesitmuscheln viel größer sein als bei Schamottemuscheln, weil erstere sehr wenig angefressen werden. Die Öffnung bei letzterer wird sich vielleicht nicht in dem erforderlichen Maß weiten, aber immerhin wird dies noch günstiger sein als eine gleichbleibende Öffnung.

Um für den abnehmenden Flüssigkeitsdruck einen Ausgleich zu haben, versieht man Magnesitmuscheln oben mit einem etwas engeren Aufsatz aus Schamotte. Die Widerstandsfähigkeit des Magnesits kommt erst dann zur Geltung, wenn der Schamottaufsatz sich so weit abgenutzt hat, daß er gleich weit, wie die Öffnung der Magnesitmuschel geworden ist; letztere Öffnung behält dann ihre Weite bis zum Ende bei. Wenn man aber überhaupt ein Vergrößern der Öffnung während der ersten Blöcke für wünschens-

70   Gießverfahren.

wert hält, so muß dies auch bei dem letzten Block Geltung haben, so daß auch der Wert dieser Ausführung zweifelhaft ist.

Man kann härteren Stahl in kleiner Blockgröße aus folgenden Gründen nicht unmittelbar aus der Pfanne gießen:
1. Der Flüssigkeitsdruck ist zu groß.
2. Die Blöcke füllen sich zu rasch.
3. Es ist schwierig, die Muschel nach dem Füllen so kleiner Blöcke jedesmal genau zu schließen.
4. Verspritzen aus einer schadhaften Muschel ist bei kleinen Blöcken besonders folgenschwer.
5. Eine Pfanne ist zu unhandlich, um daraus ohne Spritzer zu gießen.

Die Verfasser haben daher die in Abb. 31 dargestellte Anordnung für das Gießen kleiner etwa 100 kg schwerer Tiegelstahlblöcke angewandt; die Kokillen sind dabei auseinander klappbar und die im Gebrauch stehende Pfanne faßt 2 bis 3 t. Die Anordnung besteht aus einer Wanne, die von einer an die Pfanne angehängten Kette gehalten wird, so daß kleine Blöcke mit Hilfe der Wanne und große Blöcke nach Wegziehen derselben unmittelbar aus der Pfanne gegossen werden können. An der Oberfläche

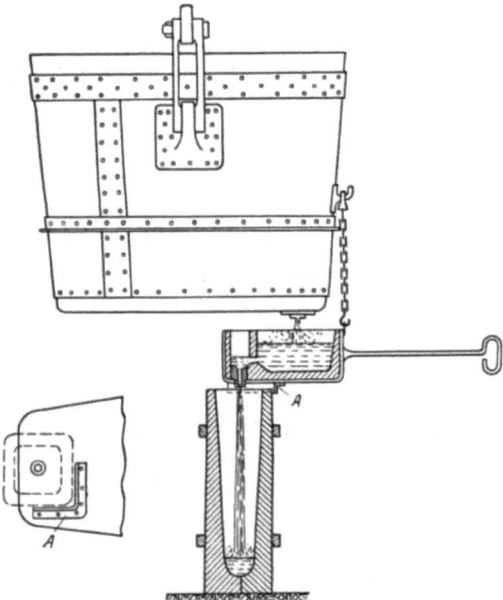

Abb. 31. Einrichtung zum Gießen kleiner Blöcke aus der Pfanne.

schwimmende Schlacke wird durch eine Querwand am vorderen Ende der Wanne zurückgehalten und das Metall kommt rein durch eine etwa 18—20 mm weite Öffnung in die Kokille. Um

Das Gießen von oben. 71

zu erreichen, daß der Strom in der Kokillenachse fällt, wird ein Stück Winkeleisen A (Abb. 31) an den Boden der Wanne genietet und an die zwei angrenzenden Seitenflächen der Kokille angelegt. Dieser Winkel muß natürlich der Kokillengröße angepaßt werden. Durch die Wanne wird man mehr oder weniger davon unabhängig, ob der Pfannenstopfen läuft oder nicht. Die Arbeitsweise dabei ist folgende: Nachdem der erste Block gegossen ist, wird der Pfannenstopfen geschlossen und gleichzeitig der Trog nach rückwärts gekippt. Dabei wird zur selben Zeit auf dem flüssigen Stahl in der Kokille ein weißglühender Schamottering als Warmhaube gegeben und sofort von der

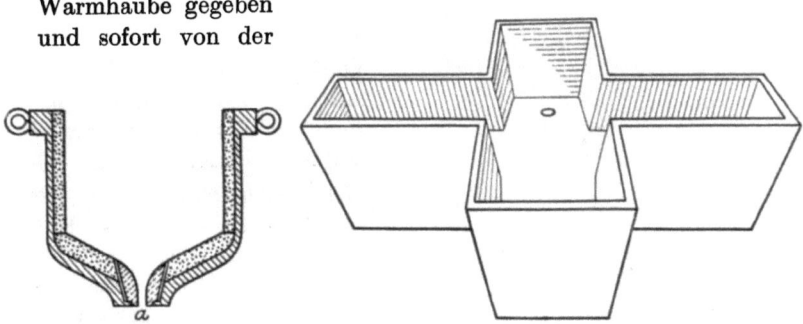

Abb. 32a. Form einer Wanne mit einer Muschel.   Abb. 32b. Form einer Wanne mit drei Muscheln.

Wanne nachgefüllt. Die folgenden Blöcke werden in derselben Art gegossen, wobei keine Zeit durch das Bewegen und Anpassen der Gießpfanne von einer Lage in die andere verloren wird, da die Wanne selber beweglich ist und die Muschel schon durch das Anpassen des Winkeleisens über der Mitte der Kokille zu stehen kommt. Die Brauchbarkeit dieses Verfahrens hängt von der sorgfältigen Vorbereitung und raschen Ausführung ab; vorteilhafter ist es daher in diesem Falle, wenn die Kokillen eng beisammen auf einem Wagen, anstatt in einer Reihe auf dem Boden, stehen.

Zwischenpfannen. Es wird mit Recht angenommen, daß von oben gegossene Blöcke besser sind, wenn der Stahl durch eine zweite Pfanne oder einen Trichter gegossen wird, anstatt unmittelbar in die Kokille. Eine Zwischenpfanne kann je nach dem Gewicht des Werkstoffes und der Anzahl der zu gießenden Blöcke mit mehreren Stopfen versehen sein. Fehler, die von hohem Flüssigkeitsdruck in der Pfanne und dem heißen Gießen her-

72 Gießverfahren.

rühren, werden durch den Gebrauch von Zwischenpfannen beträchtlich verringert und nach Kilby[1]) wird der Anteil von Blöcken, die beim Schmieden oder Walzen Risse bekommen, auf ein Mindestmaß heruntergedrückt, wenn dieses Verfahren vollständig angewandt wird. Einige Werke haben mit dem Gebrauch von Zwischenpfannen besonders gute Erfahrungen gemacht, andere sind weniger befriedigt davon. Ein Versagen wird gewöhnlich dadurch hervorgerufen, daß man zuviel auf einmal erreichen will und nicht wartet bis die Bedienungsmannschaft eingearbeitet ist. Die allgemeine Einrichtung beim Gießen mit Zwischenpfannen ist in den Abb. 32a u. b und 33 zu sehen (nach Kilby). Letztere können an der Kokille oder an der Pfanne befestigt sein.

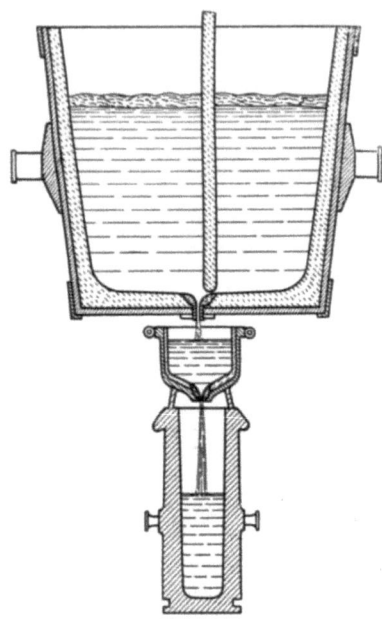

Abb. 33. Gießeinrichtung mit einer Wanne (Zwischenpfanne).

2. Gießen im Gespann.

Das Gießen im Gespann ist dann nicht zu umgehen, wenn man verhältnismäßig große Schmelzungen in viele kleine Blöcke zu vergießen hat. Die Nachteile, die man dabei neben den Vorteilen mit in Kauf nehmen muß, bestehen nicht allein in dem Abfall durch die Knochenstücke und in der Mehrarbeit beim Strippen der Blöcke und Abschlagen der Knochen.

Man glaubt häufig, daß beim Gießen von unten und Abdeckeln bessere Blöcke erzielt werden. Im Vergleich zu solchen, die von oben gegossen werden und sich nach unten verbreitern, sind sie zweifellos besser. Andere Stahlwerke wieder stehen auf dem Standpunkt, daß im Gespann gegossene Blöcke vollkommen feh-

---

[1]) „Iron and Steel Inst." 2, 193. 1916. Stahl u. Eisen 37, 817. 1917.

lerfrei sind, wenn man lange Eingußtrichter verwendet, die mit heißem Metall ganz gefüllt werden. Dies ist jedoch höchst unwahrscheinlich, da, wie lang der Eingußtrichter auch sein mag, der Stahl in den Kanalsteinen durch den ganzen Querschnitt erstarren wird, bevor der Block fest geworden ist, wodurch das Nachfüllen verhindert wird. Was die Größe der Hohlräume anbelangt, besteht kaum ein Zweifel, daß sie beim Gießen von unten größer sind. Ein Vorteil liegt nur darin, daß sie leichter wie beim Gießen von oben gegen Zutritt der Luft abgeschlossen bleiben.

Viele halten einen Block ohne offenen Lunker für fehlerfrei. Es kann aber, selbst wenn man den Eingußtrichter immer voll hält, das obere Ende des Blockes schon ziemlich weit herab erstarrt sein, bevor das Nachfließen aufhört, so daß sich beim fortschreitenden Erstarren weiter unten Hohlräume bilden. Ein solcher Block wird nach dem Walzen und Entfernen des verlorenen Kopfes oben einen oder zwei vollkommen fehlerfreie Knüppel liefern. In diesem Falle wird der fehlerhafte Stahl eben nicht im oberen Ende sitzen, sondern weiter unten. Der Wunsch nach gutem Ausbringen versperrt hier oft den Weg zu weiterer Untersuchung. Die Art, in welcher dieser Fehler schädlich wirkt, wurde besonders von Kilby[1]) beschrieben.

Es ist freilich zu bemerken, daß für gewisse Verwendungszwecke wie Hohlbohrer und Wagenfedern lunkeriger Stahl nicht schlechter sein wird, als lunkerfreier.

Wäre es möglich die Kokille augenblicklich zu füllen, so würde es nichts ausmachen, ob man den Stahl von oben oder unten gießt. Die Lage und Größe des Lunkers wäre in beiden Fällen dieselbe, nur würde sich beim Gießen von unten leichter ein nach außen abgeschlossener Hohlraum bilden und die Entstehung von Brücken würde sehr unwahrscheinlich sein. Der erste Vorteil der von unten gegossenen Blöcke ist also, daß die Wände der Hohlräume eher metallisch rein zu bekommen sind und leichter verschweißen.

Die Kokille füllt sich beim Gießen von unten langsamer als beim fallenden Guß. Der Grund dafür ist sowohl der, daß sich mehrere Kokillen gleichzeitig füllen müssen, als auch der, daß der

---

[1] „Iron and Steel Inst." 1, 73. 1917. Stahl u. Eisen 38, 1045. 1918.

Flüssigkeitsdruck in der Kokille dem Füllen selbst entgegenwirkt. Der Stahl erstarrt durch Berührung mit der Kokille, während des Gießens wird und am Schluß desselben ist die erstarrte Randschichte dicker als bei einem von oben gegossenen Block gleicher Größe. Dies ist, soweit es das Gesamtausmaß der Hohlräume betrifft, günstig. Auch der Umstand, daß der Stahl in der Kokille unter dem Flüssigkeitsdruck des Eingußtrichters steht, verkleinert die Hohlräume.

Sobald der Stahl weiter nach oben steigt und außerhalb des Bereiches kommt, wo durch die einströmende Flüssigkeit eine lebhafte Bewegung entsteht, wird er rasch kälter. Wenn letztere nun voll ist und der Flüssigkeitsdruck des Eingußtrichters zu wirken aufgehört hat, so schreitet die Erstarrung von dem oberen kälteren Ende zu dem heißeren unteren Ende fort. Die geringere Geschwindigkeit mit der Gespannblöcke gegossen werden ist nur solange ein Vorteil, solange die Gießgeschwindigkeit nicht zu langsam ist. Unter normalen Umständen wird letztere bestimmt durch die Anzahl der Kokillen, die durch einen Kanal gefüllt werden, durch ihre Querschnittsflächen, durch die Höhe des Eingußtrichters, durch die Menge des Metalles, das durch den Pfannenstopfen kommt und durch den Querschnitt des Kanales. Außerdem ist noch von Einfluß die Temperatur des Stahles und sein Erstarrungspunkt.

Nicht immer sind, steigend gegossene Blöcke an der Oberfläche reiner. Wenn nämlich zu langsam gegossen wird so haben die Blöcke eine rauhe faltige Oberfläche, wie in Abb. 11 dargestellt war; wenn dagegen der Stahl zu Beginn des Gießens zu rasch in die Kokille strömt so steigt er gleich einem Springbrunnen und spritzt an die Wände der Kokille. Bei normalem Gießen fließt das durch die Kanalsteine gekühlte Metall anfangs eher träge und ist fast teigig, wenn es in die Kokille tritt. Durch den wachsenden Druck der Flüssigkeit im Eingußtrichter wird dieser halb erstarrte Stahl schließlich herausgetrieben und das Metall tritt mehr oder weniger ruhig ein. Diese zuerst ausfließenden Teile erstarren an der Bodenplatte und dem unteren Teile der Kokille und werden durch den später in die Kokille eintretenden Stahl nicht wieder geschmolzen. Bei heißem Guß wird die erstarrte Kruste, die sich am Boden des Blockes bildet, nicht über 25 mm dick sein. Wenn eine Kokille sofort nach dem Füllen ausgießt, so zeigt sie oben einen Hohlraum von ungefähr sechseckigem Längsschnitt. Das oberhalb des Hohlraumes befindliche Metall ist das zuerst in die Kokille eingetretene und schon am Boden erstarrte.

Stahl, der einmal in richtiger Weise in die Kokille einzufließen beginnt, füllt diese ruhig weiter. Später muß allerdings in dem Eingußtrichter ein Überdruck vorhanden sein, um den Flüßigkeitsdruck des in der Kokille befindlichen Stahles zu überwinden und die Krusten, die sich an der Oberfläche bilden, zu durchbrechen. Die schwere Flüssigkeit die durch die runde Öffnung gepreßt wird soll längs der Blockachse geleitet werden und sich gleichmäßig verteilen. Mit gutem Grund kann man annehmen, daß dies aber nicht immer der Fall sein wird. Die Stärke des Kanalsteines, der den Ausfluß nach oben hat ist etwa $1^{1}/_{2}$ cm. Selbst wenn die Öffnung vollkommen genau wäre, so würde der Stahl durch die stark bewegte flüssige Masse nicht genau senkrecht aufsteigen; sondern er würde durch unbeeinflußbare Umstände bald nach der einen, bald nach der andern Seite gedrückt werden. Zudem sind aber oft die Kanalsteine mit Fehlern behaftet und auch beim Einlegen in die Gespannplatte können Ungenauigkeiten unterlaufen.

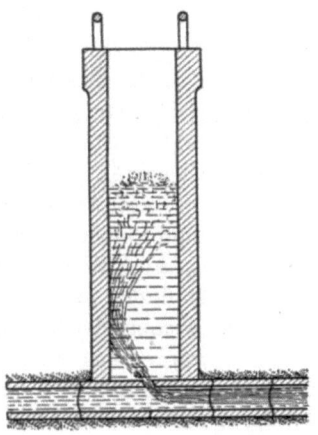

Abb. 34. Folgen einer schiefen Einströmung in die Kokille.

Oft ist die Öffnung nicht senkrecht, oder sie ist ausgebrochen oder sie hat eine Naht. Letztere Umstände haben zur Folge, daß das unter Druck austretende Metall in eine drehende Bewegung gerät und von jenem Teil der Kokille, den der eintretende Flüssigkeitsstrom trifft, wird eine Vertiefung weggeschmolzen. Schematisch ist dies in Abb. 34 gezeigt. Eine Beschädigung solcher Art kann sich in verschiedener Höhe vorfinden, unter Umständen sogar nach 40 cm vom Boden entfernt. Da die Öffnung genau unter der Mitte der Kokille liegt oder wenigstens liegen soll, so würde es dem Stahlwerker kaum glaubhaft erscheinen, daß diese Ausfressung von irgendeinem Mangel in der Gießvorrichtung herrühren könnte. Es ist für ihn das nächstliegende zu glauben, daß die Kokille diesen Fehler, mehr oder weniger absichtlich verborgen, schon bei der Anlieferung enthalten hat. Diese Annahme scheint dadurch gerechtfertigt, daß solche Fehler öfter in neuen als in alten Kokillen auftreten. Der Grund hierfür liegt jedoch darin, daß die Innenflächen in den alten Kokillen mehr oder weniger durch Überzüge von oxydiertem Metall, das im Gebrauch immer dicker wird, geschützt sind. Diese Ablenkung des eintretenden Metalls nach einer Seite begünstigt die Bildung von Rissen, was besonders bei harten Stählen zu beachten ist. Wenn die Öffnung des Kanalsteines nicht genau in der Blockachse liegt, so kann die Temperaturverteilung im Block unmöglich symmetrisch sein. Zu beachten ist ferner, daß die Kokille leichter von dem einfließenden Strom getroffen wird, wenn der Kanalstein in der Richtung der Blockdiagonale liegt, was bei unrichtiger Form der Bodenplatte oder aus Platzrücksichten der Fall sein kann. In diesem Falle wird die von dem eintretenden Strahl unmittelbar getroffene Blockkante sehr zum Reißen neigen. Reißt dagegen der Block an dieser Kante nicht, so wird er auch bestimmt anderswo nicht reißen. Solche Risse findet man nur im unteren Teil, weil weiter oben der Strom wieder gleichmäßiger verteilt wird.

Das Verfahren aus einer großen Kokille eine Anzahl kleinerer um sie herumgestellter Kokillen zu füllen, wird öfters erwähnt, ist aber veraltet. Die Abnutzung der großen Kokille ist wegen der ungewöhnlich großen Metallmenge die hindurch geht groß; der Block wird daher auch meist fehlerhaft und außen unsauber sein.

Harbord und Hall berichten von einem amerikanischen Verfahren, das angeblich geeignet ist Knochenabfälle zu vermeiden: Der Bodenkanal wird durch eine liegende Blockform ersetzt, die von den stehenden Kokillen, durch in die Gespannplatte eingelegte durchlöcherte Steine getrennt ist. Es wird behauptet, daß der auf diese Weise zustande kommende Block ganz fehlerfrei ist. Wenn dies aber stimmen sollte, dann müssten die stehenden Blöcke Hohlräume von beträchtlicher Größe aufweisen.

Es darf nicht vergessen werden, daß ein Steinboden anstatt der üblichen gußeisernen Platte für das Gießen im Gespann nicht vorteilhaft ist. Bei einigen Werken war es üblich eine Bodenplatte, die mit losen Ziegeln belegt war, zu verwenden, so daß die Kanalsteine nach Belieben gelegt werden konnten und nicht wie bei gewöhnlichen Gespannplatten in die dafür bestimmten Kanäle. Mitunter gebrauchte man statt der Ziegel auch hohlgegossene Eisenkörper. Der untere Teil der Kokille wird ohnehin rascher beschädigt, weil er länger mit flüssigem Stahl in Berührung bleibt. Ist der Boden noch dazu aus Steinen, die viel weniger Wärme ableiten als eine eiserne Platte so wird der Unterteil noch heißer und rascher zerstört; auch die Gefahr eines Durchbruches ist größer.

Ein anderes Verfahren ist der Gebrauch von Verbundkokillen mit angegossenen Scheidewänden durch die Mitte, wodurch die Kokille in zwei oder vier einzelne Kokillen geteilt wird. Abb. 35 zeigt ein Beispiel einer solchen doppelten Blockform, wie sie für die Erzeugung von Schlittschuhstahl verwendet wird[1]). Solche

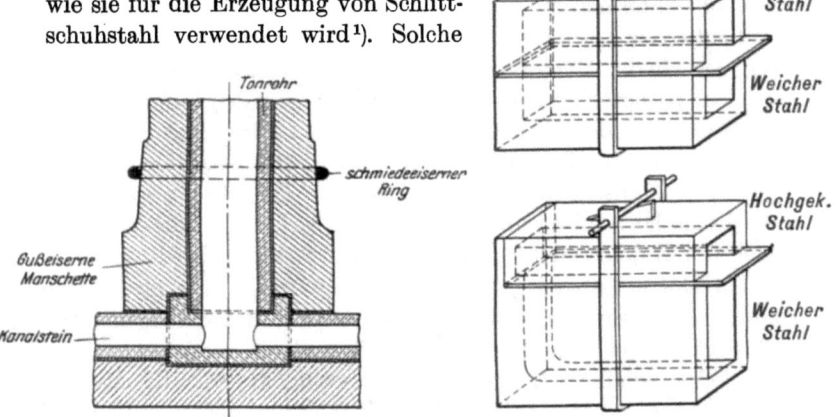

Abb. 36. Verbesserte Form eines Eingußtrichters.   Abb. 35. Beispiele von Verbundkokillen.

Kokillen können nicht sehr haltbar sein und ihre Wirtschaftlichkeit ist sehr fraglich. Die inneren Wänden werden viel heißer als die äußeren und der Lunker wird gegen die heißesten Blockteile abgelenkt. Auch ist zu beachten, daß durch die rasche Abnutzung der Zwischenwände unreine Oberflächen entstehen. Da der Mittelteil der Kokille stärker als die übrigen erhitzt wird wächst er mehr und die Kokille wird sich zu werfen beginnen und muß entweder ausgeschieden oder ebengehobelt werden.

---

[1]) Stahl u. Eisen 44, 101. 1924.

Jede Störung des guten Zusammenpassens zwischen Kokille und Bodenplatte kann zu Durchbrüchen führen. Das flüssige Metall kann auch bei den Kanalsteinen ausbrechen, wenn zwei Steine gerade an einer freiliegenden Stelle zusammenstoßen oder wenn zuviel Bindemittel verwendet wurde oder auch, wenn die Steine nicht gut zusammenpaßten. Durchbrüche kommen auch im Boden des Eingußtrichters vor, der im unteren Ende gewöhnlich zu schwach gehalten wird. Die in Abb. 36 gezeigte Anordnung nach Kowarsch[1]), um solche Zwischenfälle zu vermeiden, leistet nach Ansicht des Verfassers gute Dienste. Sie besteht aus einem runden Ziegel der in der Mitte eingelassen ist und etwa 2,5 cm über die Gespannplatte vorsteht. Der vorstehende Teil paßt in die Vertiefung einer schweren gußeisernen Manschette, die um den Eingußtrichter herumgelegt ist. Die zwei Hälften dieser Manschette sind entweder durch Henkel und Keile oder nur durch geschmiedete Ringe wie in der Abbildung dargestellt ist, zusammengehalten. Noch empfehlenswerter ist es, einen weiten Ring über den Eingußtrichter zu legen und den Zwischenraum zwischen Ring und Stein mit Silikamehl auszufüllen. Eine andere Möglichkeit ist auch eine breite gegossene Flansche um den Bodenteil des Eingußrohres zu legen Die Flansche muß so breit sein, daß sie sich bis in die Nähe der nächsten Kokille erstreckt und die Kanalsteine überdeckt.

In einem Gespann stehende Kokillen sollen sich gleichzeitig füllen, sonst kann eine aus der anderen Metall nachsaugen. Der Flüssigkeitsdruck im Eingußrohr soll deshalb groß genug sein, um jedes zufällige Hindernis zu überwinden. Die Kanalsteine müssen ganz gleichmäßige Bohrung haben und genau ineinanderpassen. Gießt man die Kokille nicht voll, so ist dies für sie schädlich, weil sie sich nur teilweise erwärmt und ausdehnt. Aus diesem Grunde soll man Restmetall in alte Kokillen gießen, weil es weniger schwerwiegend ist, wenn diese beschädigt werden und weil alte Kokillen sich nicht so stark verziehen, wenn sie nur teilweise erwärmt werden. Da es fast unmöglich ist, einteilige Kokillen in demselben guten Zustand zu erhalten wie auseinanderklappbare, sind beschädigte und verrostete Oberflächen mit in Kauf zu nehmen. Es ist klar, daß Kokillen ausgemustert werden sollten, wenn die Blöcke in ihnen nicht mehr rein werden; jedoch

---

[1]) Stahl u. Eisen 33, 1573. 1913.

gibt es keinen bestimmten Maßstab, nach dem Blöcke beurteilt werden könnten und manche Firmen behalten die Kokillen so lange im Gebrauch bis sie brechen oder die Blöcke stecken bleiben. Viel hängt natürlich auch von der Art des gegossenen Stahles ab.

Beim Gießen von unten ist, soweit bloße Fragen der Abkühlung und Erwärmung in Betracht kommen, der Kokillenverbrauch größer als beim Gießen von oben. In dem letzteren Falle werden die Kokillen rasch nacheinander gefüllt und brauchen nicht nahe beisammen zu stehen; im ersteren Falle füllen sie sich langsam und sind daher längere Zeit beträchtlichen Temperaturverschiedenheiten in ihren einzelnen Teilen ausgesetzt. Wenn Kokillen auf einer Gießplatte eng zusammengestellt sind, so werden sie an einer oder an zwei Seiten durch die strahlende Hitze der anderen Kokillen heißer als an den übrigen Seiten. Auf die Blöcke selbst sind diese Temperaturunterschiede im allgemeinen ohne wesentlichen Einfluß, wohl deshalb weil im Gespann gegossene Blöcke zu klein und praktisch schon erstarrt sind, ehe sich diese Temperaturungleichheiten auswirken. Immerhin besteht ähnlich wie in der Verbundkokille die Neigung den Lunker zur Seite zu ziehen.

3. Warme Hauben.

Ein nach oben sich erweiternder Stearinblock kann nach dem Vollgießen während des Lunkerns leicht so nachgefüllt werden, daß die Oberfläche immer eben bleibt. Ein ähnliches Verfahren wird beim Gießen einiger Nichteisenlegierungen z. B. Alpaca angewandt, wobei aber beim nachfolgenden Kaltwalzen, Schlagen oder Pressen sehr viel Ausschuß entsteht.

Sobald die Kokille voll gegossen ist, oxydiert die Oberfläche des Metalles und eine dünne Oxydschicht liegt auf der durch das Lunkern entstandenen Vertiefung. Es bildet sich nun so oft eine Oxydhaut als Metall nachgegossen wird. Wenn man auf diese Weise in Flachkokillen gegossene Alpacablöcke quer oder längs durchschneidet, so scheinen sie zwar fehlerfrei, aber die Schnittflächen sind in Wirklichkeit nicht so rein, wie sie aussehen, weil das weiche Metall beim Abschneiden oder beim Absägen schmiert und kleine Hohlräume dadurch verborgen bleiben. Wird von der Oberfläche aber ein sehr feiner Span abgehobelt, so kommen kleine Löcher zum Vorschein. Ebenso ist es bei blasigen Stahlblöcken und Stahlformgüssen. Prüft man einen

Block auf Poren, so ist es besser ihn nach dem Einkerben zu brechen als ihn zu durchschneiden, weil das Brechen besser die Oberflächen von Hohlräumen freilegt. Sicher ist aber auch dies nicht und das beste Verfahren Poren festzustellen ist, eine abgehobelte Oberfläche mit verdünnter Säure zu ätzen. Ein Alpacablock der in der oben beschriebenen Weise gegossen wurde, zeigte nach solchem Ätzen ein Aussehen, wie es in Abb. 37 im Längsschnitt zu sehen ist. Man erkennt deutlich die gekrümmten Flächen, welche die ursprünglichen Berührungsstellen zwischen dem nachgegossenen Metall und der oxydierten Oberfläche des darunterliegenden Metalls darstellen.

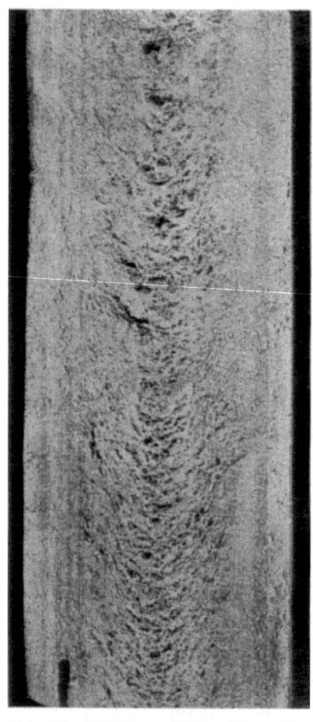

Abb. 37. Flächen gleichzeitiger Erstarrung in einem Alpacablock.

Auch Stahlblöcke haben mitunter, allerdings in geringerem Grade, ähnliche Fehler. Wenn nämlich vor dem Nachgießen als warme Haube ein erhitzter Tonring eingelegt wird, so kann dabei so viel Zeit vergehen, daß sich eine oxydierte Kruste bildet, die beim Nachgießen nicht mehr vollkommen verschwindet. Es kommt sogar vor, daß man Sand auf die Oberfläche eines solchen Stahlblockes streut, bevor der Ring eingesetzt wird, um die Kruste zu stärken und um zu verhindern, daß der Ring in die Flüssigkeit einsinkt. Man glaubt dabei selbstverständlich, daß der Sand sofort aufsteigt wenn der Ring eingesetzt wird; eine Annahme die in den meisten Fällen trügerisch ist. Besonders empfindlich ist gegen solche Fehler Schnelldrehstahl. Seine Entwicklungsgeschichte zeigt dies deutlich: Es war von Anfang an möglich, daraus Drehmesser herzustellen, nicht aber Fräser oder Bohrer, obwohl die ersten Schnellstähle (Mushetstahl, mit hohem Kohlenstoffgehalt) vom Standpunkt des Stahlwerkers günstiger waren, weil sie leichter schmolzen. Erst lange Erfahrung überwand die Schwierigkeiten;

so trug vor allem die Verwendung der nach oben breiteren Kokillen dazu bei. Außerdem aber müssen noch gewisse Vorsichtsmaßregeln beim Schmieden der Blöcke eingehalten werden. Eine davon ist die folgende: Wenn der verlorene Kopf nicht vor dem weiteren Verschmieden entfernt wird, so wird leicht ein konisches Stück mit dem verlorenen Kopf herausgedrückt und der Abfall ist dann größer wie er normalerweise entsteht. Manchmal glaubt man, daß der so durch Hammerschläge herausgequetschte Kegel mit der Kruste zusammenhing, die sich auf dem Stahl beim Einsetzen der Ringe vor dem Nachgießen bildet. Dieser Umstand kann wohl dazu beitragen, ist aber durchaus nicht allein daran schuld; denn, wenn man auch den warmen Ring sofort nach dem Gießen einsetzt, so wird die Neigung zu der oben erwähnten kegelförmigen Abtrennung kaum geringer werden.

Das Heraustreiben des Kegels wird zweifellos durch das Arbeiten mit der heißen Tonringhaube befördert. Unmittelbar unter ihrem unteren Ende werden, von der Kokille ausgehende langstrahlige Kristalle in ihrem Weiterwachsen gehindert; in der darunter liegenden Schicht wird die Wirkung des Tonringes immer geringer, bis sie vollkommen aufhört. Ein Hohlkegel würde sich also auf diese Weise durch die Kühlwirkung der Kokille und durch die Erwärmung von der warmen Haube aus bilden. In Wirklichkeit ist natürlich dieser Kegel nicht hohl, sondern wird durch flüssigen Stahl nachgefüllt. Solcher Stahl ist aber, wenn er später hinzugefügt wird, kälter als der ursprünglich gegossene und wird deshalb leichter freiwachsende Kristalle bilden als die darunterliegende unter dem Einflusse der Kokille stehende Schichte. Längs der Oberfläche eines solchen Kegels bricht der Stahl leicht beim Schmieden. Wenn sich der Hohlkegel zuerst bildete und sich erst dann mit freien Kristallen füllte, so wäre der Bruch längs der Kegelfläche leicht erklärlich. Da aber beide Vorgänge sich zur selben Zeit abspielen und die Übergangszone nicht scharf ist, so bedarf es noch weiterer Untersuchung um diese Erscheinung einwandfrei zu erklären.

Keine warme Haube, wie auch ihre Länge und ihr Querschnitt sein mag, ermöglicht es, einen langen parallelwandigen Block (unter 400 kg), der frei von Hohlräumen in der Achse ist, herzustellen; bei einem am oberen Ende verjüngten Block ist diese Möglichkeit noch kleiner. Dasselbe gilt auch für Grauguß und die Konstrukteure tun gut daran, darauf zu achten, wenn sie lange Gußteile in der Annahme bestellen, daß sie frei von Fehlern und Hohlräumen seien. Das Metall in dem unteren Teil der Haube und in einiger Entfernung darunter mag vollkommen fehlerfrei sein, aber eine kurze Besichtigung eines Schrotthaufens mit beanstandeten zerschlagenen Gußstücken wird den Glauben zerstören, daß ein fehlerfreier Oberteil eine Gewähr für die Fehlerfreiheit des übrigen Teiles ist. Wie sich kleine Tiegelstahlblöcke verhalten wurde auf S. 62 behandelt und es möge noch erwähnt werden, daß bei Blöcken aus Schnelldrehstahl ein kleiner Hohlraum beim Schmieden besonders leicht zu einem Riß wird und zu einem Fehler führen kann, wie in Abb. 38 dargestellt ist.

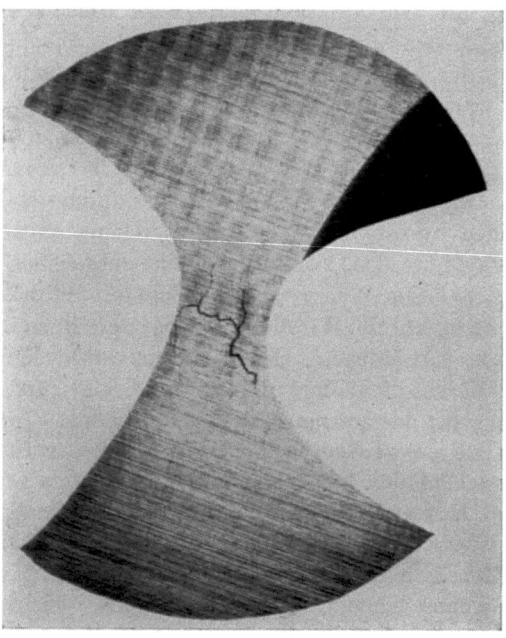

Abb. 38. Risse im Stabstahl aus axialen Hohlräumen herrührend.

Die Tonringe als eingelegte warme Hauben müssen im Verhältnis zum Block einen bestimmten Durchmesser haben. Bei Tiegelstahlblöcken sind sie gewöhnlich im Durchmesser beträchtlich kleiner als der Block und müssen daher um wirksam zu sein, sehr heiß gemacht werden. Es ist besser überhaupt ohne Tonring zu vergießen als einen kalten zu gebrauchen, denn auf diese Weise verbirgt man nur den Fehler und kann ihn sogar noch größer machen. Wenn das Metall im Ring erstarrt, bevor der übrige Block ganz fest geworden ist, erfüllen die Ringe ihren Zweck nicht. Der innere Durchmesser des Ringes ist etwa die Hälfte des Blockdurchmessers, d. h. sein lichter Querschnitt ist etwa $^1/_4$ von dem des Blockes. Der Ring wird in diesem Falle noch groß genug sein, wenn er sehr heiß gemacht wird.

Aufgesetzte Warmhauben für große Blöcke haben gewöhnlich denselben Innendurchmesser wie der obere Teil der Kokille. Wenn sie nicht vorgewärmt werden, dann liegt ihr Vorteil nur in der geringen Wärmeleitfähigkeit der Schamotte oder des feuerfesten Stoffes aus dem sie hergestellt wurden. Manchmal verjüngt man das obere Ende etwas, was aber vollkommen zu verwerfen ist; denn der Stahl erstarrt im engsten Querschnitt zuerst und die warme Haube kann dann natürlich wenig Wirkung mehr haben, weil dadurch das Nachfließen verhindert wird. Eine sehr hohe Haube, in der Absicht angewandt, dadurch auf den Block einen größeren Druck auszuüben, erfüllt den Zweck nicht, weil man, solange das Metall flüssig ist, keinen Druck braucht. Liegt dagegen schon eine erstarrte Schicht unterhalb des verlorenen Kopfes, dann nützt auch der Druck nichts. Nicht das Gewicht des verlorenen Kopfes macht es aus, sondern die Gewißheit, daß das flüssige Metall freien Zutritt zu jenen Teilen des Blockes hat, wohin es nachfließen soll.

Hohlräume, auch noch unterhalb des verlorenen Kopfes, können nur dann vermieden werden, wenn der Block vom Boden aus erstarrt. Geschieht dies, dann ist die Einsenkung im verlorenen Kopf verhältnismäßig klein und liegt ziemlich weit oben. Es genügt dann auch eine kleine Haube, um das darin befindliche Metall solange flüssig zu halten, bis der eigentliche Block festgeworden ist. Die Praxis des Tiegelstahlschmelzers zeigt auch hier den richtigen Weg und spricht dagegen, daß hohe Hauben nötig sind. Eine Ausnahme ist nur insofern zulässig, soweit der verlorene Kopf zum Anfassen mit der Schmiedezange nötig ist, was bei gewissen großen Blöcken der Fall sein kann. Man darf dann aber nicht fälschlich annehmen, daß die hohen Hauben zur Verkleinerung des Lunkers dienen.

Nun zur Frage, wie groß die Verjüngung des Blockes nach unten sein soll. Die allgemeine Antwort darauf ist: So groß, daß der Stahl von unten aus erstarrt. Das genaue Ausmaß wird von verchiedenen Bedingungen abhängen. Wenn die Kokille rasch und ziemlich gleichmäßig mit Stahl gefüllt wird, dann ist eine Verjüngung von 10 mm für $1/2$ m Höhe genügend. Wird die Kokille aber langsam von unten aus gefüllt, dann wirkt der Temperaturunterschied zwischen dem oberen und dem unteren Teil ungünstig und die Verbreiterung nach oben muß stärker sein. Die verschiedenen Möglichkeiten sind so zahlreich, daß man, um den richtigen Weg zu finden und die richtigen Schlüsse ziehen zu können, die in dieselbe Kokille unter verschiedenen Bedingungen gegossenen Blöcke der Länge nach aufschneiden müßte.

Um den Stahl in der warmen Haube länger flüssig zu halten streut man oft nach dem Gießen eine Schichte Holzkohle auf die Flüssigkeit. Die brennende Kohle erhält die Temperatur und verzögert das Erstarren der obersten Schichte, gleichzeitig aber kohlt letztere auf. Solange das Metall beim Nachsinken nicht außerhalb des verlorenen Kopfes weiter nach unten gelangt, schadet dieses Aufkohlen nichts. Wenn aber höher gekohltes Metall in den eigentlichen Block nachfließt, so ist es natürlich besser, Holzkohle nicht zu verwenden.

Hadfield[1]) empfiehlt, nach dem Gießen flüssige Schlacke und Hohlzkohle aufzugeben und letztere durch ein schwaches Gebläse brennend zu erhalten. Der Gebrauch der Hohlzkohle und des Gebläßes sind die Kennzeichen seines Verfahrens, das von zweifelhaftem Wert ist. Die Zwischenschichte von Schlacke schützt den Stahl zwar vor unmittelbarer Berührung mit der Holzkohle, aber sobald der Flüssigkeitsspiegel fällt, läßt er eine mehr oder weniger dicke Schicht aus heißem Stahl an den Wänden der Tonhaube zurück und die in dem Lunker befindliche glühende Holzkohle kommt so mit dem heißen Stahl in Berührung. Durch den Gebläsewind unterstützt kohlt der Stahl auf, schmilzt infolge des Sinkens des Schmelzpunktes und sickert durch die flüssige Schlacke in die oberen Teile des Blockes. Der Beweis dafür ist in den von Hadfield selbst angeführten Analysen gegeben. Es ist am ratsamsten, irgend einen trockenen Körper der die Wärme schlecht leitet, aufzugeben; es genügt zum Beispiel oft der im Hüttenflur am Boden liegende Staub.

Eine Haube, die im Außendurchmesser nicht weiter als der Block ist, hat den Vorteil, daß sie sich beim Zusammenziehen des Blockes mitbewegen kann; vorteilhaft wird dann zwischen Block und

---

[1]) Iron and Steel Inst. 1912. II. II. St. u. E. 32, 1752. 1912.

unterem Ende der warmen Haube ein Asbestring eingelegt, damit sie nicht in den flüssigen Stahl einsinken kann. Wenn die warme Haube auf dem oberen Teil der Kokille angebracht wird, so soll sie entweder genau mit der inneren Kokillenfläche abschließen oder gar etwas nach innen vorragen. Die Bildung eines vorstehenden Randes über den das flüssige Metall sich ausbreiten kann, muß vermieden werden, da sonst der Block festgehalten wird und abreißt, wenn er am Boden stecken bleiben sollte. Dies bezieht sich vor allem auf von oben gegossene Blöcke. Die von unten gegossenen sind gewöhnlich im unteren Teil so heiß und infolgedessen im erstarrten Zustand so spröde, daß sie unten abreißen, wenn der Block sich zusammenzieht. Es ist hie und da üblich, zwischen einer Tonringhaube und der Kokille Holzkeile anzubringen. Die Tatsache, daß unter diesen Bedingungen die Keile, obwohl sie verkohlt sind, doch dem Zusammenziehen widerstehen und daß es oft eher zum Reißen des Blockes kommt als daß die verkohlten Keile zerrieben werden, zeigt, wie wenig fest das heiße Metall ist.

VII. Fehlerfreie Blöcke.

Von „fehlerfreien" Blöcken kann man nur bedingt sprechen; denn vollkommene Fehlerfreiheit wird niemals erreicht. Kleine Unvollkommenheiten, die aber während der Verarbeitung oder im Endzustand keinen schädlichen Mangel hervorrufen, können vernachlässigt werden. Es kann aber vorkommen, daß anscheinende Kleinigkeiten im Verlauf der Erzeugung in ernste Fehler auswachsen oder im Gebrauch zu Beanstandungen führen; es ist dann oft schwierig die Ursache zu finden. Wenn deshalb ein Block sich ohne offensichtlichen Fehler in Bleche, Stangen oder Schmiedestücke verarbeiten läßt, so folgt daraus nicht, daß der Block fehlerfrei war, sondern nur daß die Fehler vorläufig keine offenkundigen Folgen hatten. Tausende Tonnen von Stahlblöcken, die im strengen Sinne unbedingt fehlerhaft sind, werden in Träger, Bleche, Schienen und andere Teile verwalzt und leisten deshalb keine schlechteren Dienste. Wenn manchmal irgendein Stück bricht und das sogar Unglücksfälle mit sich bringt, so muß man dies als Nachteil mit in Kauf nehmen, der durch die geringeren Gestehungskosten eines Stahles aufgewogen wird; es waren eben nicht alle Mittel zur Verhütung von Fehlern zur Anwendung gekommen und man bemühte sich nur die Fehler so harmlos als möglich zu machen. In bezug auf Lunker und Hohlräume erreicht man dies dadurch, daß man den verlorenen Kopf entfernt oder daß man die Oxydation in den Hohlräumen verhindert und dadurch das Zusammenschweißen erleichtert. Bis zu einem gewissen Maß wird letzteres durch das Gießen von unten erreicht.

Es wurden in dieser Hinsicht verschiedene Versuche gemacht. Hinsdale und andere haben empfohlen, nach dem Gießen einen gußeisernen Körper in den verlorenen Kopf zu setzen, um dadurch den oberen Teil sofort zum Erstarren zu bringen, und dann die an Zapfen drehbare Kokille umzudrehen. Auf diese Weise wird der Hohlraum sicher in den Innenteil des Blockes gebracht und vor Luftzutritt geschützt. Solche Blöcke sollen dann beim Schmieden oder Walzen vollkommen fehlerfreie Knüppel ergeben. Ein anderer Vorschlag besteht darin, den teilweise erstarrten Block, nachdem der obere Teil künstlich gekühlt wurde, horizontal zu legen. Diese Verfahren bezwecken den Hohlraum in eine Lage zu bringen, wo er weniger schädlich ist; die hierbei erzielte Sicherheit vor Fehlern ist aber sehr zweifelhaft.

Davon verschieden sind zwei andere Gruppen von Verfahren:

1. Diejenigen, welche mechanische Mittel anwenden, um auf die Außenseite des teilweise erstarrten Blockes einen Druck auszuüben in der Absicht, die Hohlräume zu schließen oder ihre Bildung überhaupt zu vermeiden.

2. Diejenigen, welche unter Anwendung einer bestimmten Kokillenform und warmen Hauben die Eigenschaften beim Erstarren und Abkühlen ausnutzen.

Das bekannteste Verfahren der ersten Gruppe ist das von Harmet vorgeschlagene. Das Harmetverfahren wird gewöhnlich als ein Ziehvorgang hingestellt; in Wirklichkeit ist es durchaus kein Ziehverfahren, sondern ein Pressen, durch welches das flüssige Innere nach oben gedrückt wird.

Blöcke, die nach Harmet gepreßt werden sollen, gießt man in nach oben verjüngte Kokillen, deren innere Oberfläche eine kurze Strecke senkrecht zur Bodenplatte verläuft. Nach dem Gießen werden die Blöcke vom Boden aus nach oben gepreßt und infolge des Schwächerwerdens des Querschnittes wird die Oberfläche des noch flüssigen Metalles mit dem oberen Ende des Blockes trotz der eintretenden Raumverminderung auf gleicher Höhe erhalten.

Von den Rissen, die von dem Zusammenziehen des heißen schon erstarrten Metalles herrühren und den interkristallinen Schwächestellen haben wir schon gehört, und es ist kein Zweifel, daß ein Verfahren, das den Querschnitt verringert, den Gefahren entgegengewirkt, die aus dem Schrumpfen des Metalles entstehen. Auf diese Weise versucht man Hohlräume, die sonst erst beim Schmieden verschweißt werden, überhaupt im Entstehen zu verhindern.

Als Harmet zuerst seine Gedanken vor dem „Iron and Steel Institute" vorbrachte, unterschätzte er die Bedeutung der warmen Hauben und schilderte die Blöcke, die ungestört in der Kokille erstarren, als ganz schlechte. Er sagte, die ganze Masse wäre mit Rissen durchsetzt, die durch innere Spannungen und Kristallisationserscheinungen hervorgerufen sind; dazu käme noch die Unregelmäßigkeit durch Seigerung.

Wenn die Blöcke wirklich so schlecht wären, wie sie Harmet darstellte, so würde sich fehlerfreie Schmiede- und Walzware selten finden, und Formgußstücke, wie sorgfältig die Wärmebehandlung auch immer wäre, hätten überhaupt keinen Zweck. Es können aber sehr große in Sand gegossene Teile, die langsamer als jeder Stahlblock erstarren und aus sehr großen Kristallen zusammengesetzt sind, den Vergleich mit geschmiedetem Stahl aushalten, wenn sie durch eine entsprechende Wärmebehandlung ohne mechanische Bearbeitung verbessert werden.

Harmetblöcke werden sobald als möglich nach dem Gießen gepreßt. Die erstarrte Randschichte, die sich schon von der Kokille abgelöst hat, wird wieder angedrückt und ein Wasserstrom fließt über die Außenseite der Kokille, bzw. über die um letztere gezogenen Stahlringe. In diesem Zeitpunkt ist die Kokille innen sehr heiß und außen verhältnismäßig kalt, ein Umstand, welcher der Haltbarkeit der Kokillen sehr abträglich ist. Zu Beginn ist der Preßdruck nicht groß, weil die erstarrte Randschicht sehr heiß und noch dünn ist. Der Druck dient dann nur dazu, die Flüssigkeit immer so hoch zu halten, daß sie nicht unter den oberen Rand der Kokille sinkt. Ein stärkerer Druck würde die Flüssigkeit über die Kokille hinaustreiben und dort unregelmäßig erstarrte Ansätze bilden, was in Wirklichkeit auch oft geschieht.

Die auf diese Art hergestellten Blöcke müssen sich selbstverständlich nach oben verjüngen und werden sowohl aus diesem

Grunde als auch wegen der stärkeren Kühlwirkung des Wassers am oberen Ende dort sehr bald erstarren. Durch das ständige Anpressen an das kalte obere Ende der Kokille erstarrt der Block oben bald vollständig, aber auch unten wird die erstarrte Schichte mittlerweile dicker, kälter und fester geworden sein, und deshalb hört schließlich bei einer bestimmten Zusammenpressung, die von der Art des Stahles und der Blockgröße abhängig ist, die Wirkung des Pressens auf. Sehr große Blöcke weichen Stahles, bei legiertem sogar mittlere Größen, widerstehen der Verformung bei Rotgluthitze so stark, daß sie durch praktisch anwendbare Drücke von außen her nicht dicht gemacht werden können. Beschränken wir uns aber in der Betrachtung auf kleinere Abmessungen, so kommt man auch hier zu irgendeinem Zustand, in dem der nur noch im Innern flüssige, mit starken erstarrten Wänden versehene Block nicht mehr zusammenpreßbar ist.

Es ist zweifelhaft, ob ein abgeschlossener Hohlraum durch eine Bearbeitung, wie sie etwa dem Drahtziehen entspricht, zum Verschwinden gebracht werden kann. Zum Vergleich ziehen wir ein dickwandiges Glas mit einem Haarrohr heran, das die feine Haarröhre beibehält, wenn es auch auf das Vielfache seiner ursprünglichen Länge gezogen wurde. Ähnlich ist es mit einem Harmetblock in dem ein Hohlraum geblieben ist. Wenn beim folgenden Strecken der Querschnitt rund bleibt, so wird der Hohlraum bestehen bleiben, und zwar im Verhältnis zum Querschnitt gleich groß wie ursprünglich. Es ist nicht viel Unterschied, ob der ganze Hohlraum früher entstanden ist oder ob er sich erst während des Zusammenpressens bildete. Die Größe wird ungefähr dieselbe sein, nur seine Lage und Gestalt kann geändert werden.

Wenn aber ein Hohlzylinder zusammengepreßt wird, ohne daß er sich verlängern kann, dann wird der Hohlraum verhältnismäßig kleiner werden und kann sich möglicherweise ganz schließen. Auf diese Art gelingt es beim Withworth-Verfahren, den Hohlraum zu verkleinern und dieser Umstand mag auch den Hauptanteil an der Verbesserung des Stahles durch das Harmetpressen in Anspruch nehmen.

Der Widerstand gegen die Aufwärtsbewegung eines Harmetblockes hängt von seinem Gewicht ab und von seinem Widerstand gegen das Hineintreiben in einen engeren Querschnitt. Das Gewicht bleibt während des Pressens gleich; der Preßdruck nimmt dagegen zu. Er ist zuerst klein und erfüllt anfänglich seinen Zweck, weil die Parallelwände des noch sehr heißen Blockes leicht in den konischen Teil hineingetrieben werden. Wenn sich aber die Wände des Blockes verdickt haben, und besonders, wenn der obere Teil des Blockes gänzlich erstarrt ist, ist der zum Weiterbewegen des Blockes erforderliche Druck außerordentlich groß und diese Verzögerung bringt ein Verdicken der erstarrten Randschichte mit sich. Würde letzteres nicht der Fall sein, so müßte die erstarrte Masse im Blockkopf weich sein und der Durchmesser könnte nur in dem Maße abnehmen wie sich der Block dehnt. Dies wäre aber, wie man aus ähnlichen Vorgängen, wie Glas- und Drahtziehen weiß, nicht geeignet Hohlräume zu schließen. In Wirklichkeit ist dies aber nicht der Fall, sondern der oben rasch steif gewordene Block setzt dem Nachschieben großen Widerstand entgegen, die Wände verdicken sich und der Innenteil wird allein nach oben gedrückt. Ob ein solches Herauspressen des Kernes vorteilhaft ist, möge dahin gestellt bleiben.

Es scheint fast, als ob das Harmetverfahren, abgesehen von dem Vorteil des geringen mechanischen Durcharbeitens, wenig erreicht, und dasjenige, was erreicht wird, ist dem zuletzt stattfindenden Vorgang zuzuschreiben, der an sich nichts anderes ist, als das alte Verfahren nach Withworth, nach dem der Block als Ganzes zusammengepreßt wird. Ob man mit solchem Verfahren einen fehlerfreien Block herstellen kann, hängt von der Größe des Blockes, der Zusammensetzung des Stahles und der Stärke des Druckes ab. Im allgemeinen kann man annehmen, daß das Harmetsche Verfahren bei kleineren Blöcken und das Withworthsche bei großen Blöcken einigen Vorteil bringt. Vollkommen fehlerfrei werden die Blöcke weder nach dem einen noch nach dem anderen Verfahren.

Die Vorgänge beim Harmetpressen können sehr gut an Stearinblöcken gezeigt werden. Die Verfasser haben für diese Versuche eine runde mit Wasser gekühlte, 6 mm starke Stahlkokille benutzt. Nach dem Gießen aus einer Temperatur von nicht mehr als 2° über dem Erstarrungspunkt des Stearins wurde der Block dem Druck einer geeigneten Prüfmaschine[1]) ausgesetzt. Die Beobachtungen, die dabei gemacht wurden, waren folgende:

---

[1]) Eine besonders hergerichtete Brinellpresse erwies sich als brauchbar.

90 Fehlerfreie Blöcke.

1. Der obere Teil des Blöckchens konnte nicht flüssig gehalten werden. Aufwärtspressen des Blöckchens, so daß sich das obere Ende nach oben bewegen konnte, machte es nicht dicht. Am Ende des Pressens waren 300 kg notwendig, um das Blöckchen durch die Kokille zu pressen.

2. Behinderte man die Bewegung des oberen Endes und steigerte man die Pressung auf 500 kg, so drückte die Flüssigkeit den oberen Kegel heraus.

3. Verhinderte man die Ablösung des Kegels durch geeignete Mittel und behielt den Druck von 500 kg bei, bis das ganze Wachs erstarrt war, so war der Block dennoch nicht dicht.

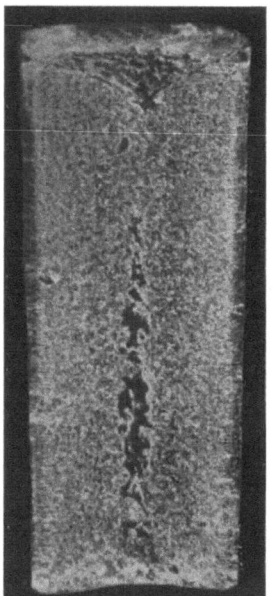

Abb. 39. Abgelöster Bodenkegel in einem nach Harmet gepreßten Stearinblock.

4. Wenn man den Druck auf 1000 kg anwachsen ließ, war der Block vollkommen dicht; dasselbe wurde aber auch erreicht, wenn man Druck allein anwandte, ohne den Block durchzupressen, woraus ersichtlich ist, daß der Vorteil vom Zusammendrücken allein abhängig war und nicht vom Hineinpressen in einen anderen Querschnitt.

5. Sowohl der Kopf, wie auch der Bodenkegel hatten die Neigung sich zu lösen, wie aus Abb. 39 ersichtlich ist. Außerdem zeigten sich auch Spaltflächen senkrecht auf die Blockachse und den Preßdruck.

Es mag sein, daß diese Erfahrungen an Stearinblöcken nicht auf Stahlblöcke übertragen werden können. Querrisse an nach Harmet gepreßten Stahlblöcken sind aber nicht unbekannt und vollkommene Dichtigkeit des Blockes ohne Spaltflächen ist beim Harmet-Verfahren wohl kaum zu erreichen. Das Kopf- und Bodenende der nach Harmet gepreßten Stahlblöcke sind fehlerfrei, aber die größeren Blöcke und auch kleinere aus legiertem Stahl, wo Fehlerfreiheit von besonderer Wichtigkeit ist, enthalten oft im mittleren Teil, wie Abb. 40 zeigt, einen größeren oder kleineren Hohlraum. Daß solche Hohlräume nicht durch die Zusammenziehung, nach dem der Druck aufgehört hat, verursacht werden, ist dadurch klar bewiesen, daß sich an ihren Wänden wohlausgebildete Dendriten befinden.

Was die Neigung zu Rissen bei Harmetblöcken betrifft, so verhalten sie sich ähnlich wie alle anderen Blöcke, die in verschiedenen Teilen verschiedene Temperaturen haben; nur sind die Temperaturungleichheiten hier noch größer.

Zum Unterschied von anderen Blöcken ist allerdings zu bemerken, daß sie teilweise geschmiedet sind und deshalb nicht so leicht längs der Primärkristallitebene aufreißen. Aber soviel die Verfasser darüber erfahren konnten, ist dieser Vorteil nicht sehr groß. Das Blockgefüge ist zwar, etwas feiner als in sonstigen großen Blöcken. Dieser Unterschied gleicht sich aber beim Erwärmen zum Schmieden oder Walzen wieder aus und hat wenig zu bedeuten. In großen Knüppeln sieht das Gefüge gleich aus, ob es nun aus Harmet- oder aus anderen Blöcken stammt.

Auch was Seigerungen betrifft, so haben Harmetblöcke nach Ansicht der Verfasser keinen Vorteil. Ob die Seigerungen mehr oder weniger schädlich sind, hängt hier wie bei anderen Blöcken von der Form des Stabes ab, der aus dem Block hergestellt wird. Verglichen mit anderen, nach oben zu engeren Blöcken, stellen sie allerdings bei der Herstellung gewisser Gegenstände einen, wenn auch nicht großen, wirtschaftlichen Vorteil dar.

Abb. 40. Lunkerfaden in einem nach Harmet gepreßten Stahlblock.

Das von Robinson und Rodger verbesserte Illingworth-Verfahren kann als Beispiel derjenigen Verfahren angesehen werden, bei dem die Blöcke nicht durch Druck von unten, sondern durch seitlichen Druck gepreßt werden. Man geht dabei so vor, daß man die dabei verwendeten aufklappbaren Kokillen nach dem

Gießen öffnet und dann entweder vorher zu diesem Zwecke eingelegte Zwischeneinlagen entfernt, oder rasch eine Platte zwischen Kokille und Block legt. In beiden Fällen schafft man dadurch die Möglichkeit, durch Drücken der nun voneinander entfernten Kohlenhälften den Block zusammenzupressen, so daß die zwei Breitseiten des erstarrten Randes auf den noch flüssigen Inhalt drücken. Während des Pressens ändert der Block seine Gestalt und es ist nicht schwierig, fehlerfreien Stahl zu erzeugen, vorausgesetzt, daß der Druck richtig angewendet und der Block oben offen gehalten wird. Robinson und Rodger, die sich über die Wichtigkeit des letzteren Umstandes klar waren, gebrauchten eine warme Haube und erzielten dadurch, daß der zuletzt noch flüssig gebliebene, mit Verunreinigungen angereicherte Teil herausgepreßt wurde. Solche Blöcke wurden meist in Gruppen gepreßt. Man mußte sie daher gleichzeitig entweder im Gespann oder von oben durch eine Zwischenpfanne mit mehreren Muscheln gießen. Der Grundgedanke dieses Verfahrens scheint sehr einfach, aber die Durchführung ist sehr schwierig. Die Erfinder geben keine Einzelheiten darüber an, wie das Gießen von oben vorzunehmen ist.

Die Kokillen müssen dick und stark genug sein, um den Druck aushalten zu können; sie sind deshalb teurer. Sie müssen aufklappbar sein, wodurch die Handhabung und Bedienung vieler solcher Kokillen sehr umständlich wird. Beim Tiegelstahlschmelzen wären nun diese Einwände nicht sehr stichhaltig, weil dort eine umständliche Bedienung ohnehin notwendig ist; andererseits kann man aber Tiegelstahl auch auf andere Weise fehlerfrei gießen. Nach Mitteilungen aus dem Jahre 1906 soll das Verfahren zwei Jahre lang in einem Werk (Brightside Works) angewandt worden sein und eine Kokille soll über 200 Schmelzungen ausgehalten haben.

Die Verfasser hatten Gelegenheit, Stearinblöcke unter Anwendung der von Robinson und Rodger patentierten Vorrichtung zu gießen. Lunkerlose Blöcke konnten damit erfolgreicher hergestellt werden als mit dem Harmet-Verfahren, jedoch hatten alle Blöcke, von den Ecken ausgehende, mehr oder wenig tiefreichende Risse. Stahl ist natürlich viel fester und bei hohen Temperaturen viel bildsamer als Stearin. Das Verhalten des letzteren kann aber immerhin als ein Fingerzeig für das Verhalten von Stahl angesehen werden.

Wir haben wiederholt auf das Gießverfahren von Tiegelstahl als ein Beispiel, wie guter, fehlerfreier Stahl gemacht werden sollte, hingewiesen. Einer der Verfasser hat sich nun bemüht, durch mechanische Mittel, die Vorgänge beim Tiegelstahlgießen auf Elektroöfen und kleine Siemens-Martinöfen zu übertragen. Das Verfahren ist folgendes:

Auf den Boden einer Reihe von Kokillen, die für den Guß von unten in der üblichen Weise hergerichtet sind, wird ein feuerfester Tonring gelegt, so daß das flüssige Metall beim Eintreten in die Kokille auf den Ring trifft und ihn sehr heiß macht. Wenn man, nachdem die Kokillen gefüllt sind, das ganze Gespann umdreht, so hat jeder Block den Vorteil, in einer verjüngten Kokille mit dem weiten Ende oben, zu erstarren. Es ist außerdem jeder Block mit einer hocherhitzten, mit flüssigem Metall gefüllten warmen Haube versehen, von welcher beim Erstarren das Metall unter den Bedingungen, die für die Vermeidung von Hohlräumen am günstigsten sind, nach unten nachfließen kann.

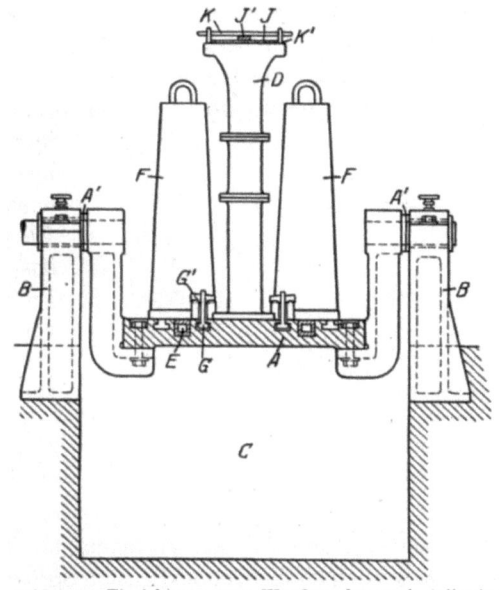

Abb. 41. Einrichtung zum Wenden der noch teilweise flüssigen Blöcke.

In der Anordnung, die aus Abb. 41 und 42 ersichtlich ist, steht eine Gießplatte A, die mit Zapfen A_1 versehen ist, auf den Ständern B, die auf jeder Seite der Grube C aufgestellt sind. Die Bodenplatte trägt den Eingußtrichter D, von dem die Kanäle E zu den Kokillen F führen, die jedesmal sechs an der Zahl vorhanden sind. Die Kokillen sind auf der Bodenplatte mit dem Bolzen T und den Anschlagkeilen G und G_1 befestigt. Ein kreisrundes Loch E_1 (Abb. 42) befindet sich in den Kanalsteinen in der Achse jedes

Blockes, und darüber liegt ein Tonring H_1, dessen Öffnung mit E_1 zusammenpaßt. Auf dem Ring H_1 sitzt ein Schamottehohlkörper H, welcher der Kokille angepaßt ist, und zweckmäßig mit H_1 ein einziges Stück bildet. Die Kokillen werden wie gewöhnlich gefüllt, und der Eingußtrichter wird dann mit Sand zugeworfen und mit einer eisernen Platte J verschlossen, die durch den Keil J_1 und durch die Stange K gehalten wird, welch letztere auf Vorsprüngen des Eingußtrichters befestigt ist. Danach wird das Gespann mit den darauf befestigten Kokillen mit Hilfe von Motoren und einem geeigneten Getriebe gewendet. Der weitere Vorgang ist folgender: Die beim Eingießen hocherhitzten Tonkörper H sitzen nach dem Umdrehen am oberen Ende des Blockes, und außerdem ist das zuletzt eingeflossene Metall im oberen Ende des Blockes. Diese beiden Umstände und das nunmehr oben weite Ende lassen die Erstarrungsvorgänge in der vorhin angedeuteten günstigen Art vor sich gehen.

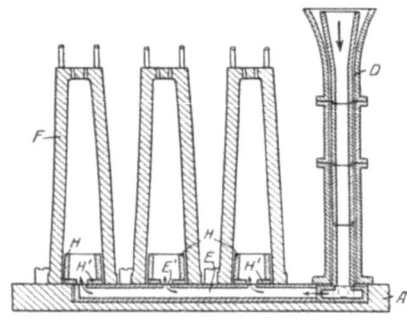

Abb. 42. Schnitt durch Eingußtrichter und Kokille von Abb. 41.

Diese kurze Beschreibung zeigt, wie die Vorteile eines oben weiten, mit einer warmen Haube versehenen Blockes zusammen mit all den Vorteilen des Gießens von unten ausgenützt werden können, ohne daß man Spritzen wie beim Gießen von oben zu befürchten braucht. Ein Vorteil ist noch, daß die Gießplatte nicht so lange mit dem heißen Metall in Berührung ist, und folglich Kokillen und Platte länger in gutem Zustande bleiben, als unter den gewöhnlichen Bedingungen beim Guß von unten möglich ist.

Es ist wichtig, daß das Eingußrohr an ein Ende der Platte gestellt wird, so daß es beim Drehen an jenem Ende steht, das sich am Anfange des Drehvorganges nach oben bewegt. Sonst würde durch irgendeinen Unfall am Eingußrohr der Stahl Gelegenheit haben, von den Kokillen zurückzufließen. Wenn die Vorrichtung aber richtig bedient wird, fließt sogar das in den Kanalsteinen befindliche Metall in die Kokille, so daß, wenn der Stahl sehr heiß ist, überhaupt nichts in ihnen zurückbleibt.

Dieses Verfahren kann die Seigerungen auch nicht vollkommen verhindern. Der Hauptzweck ist nur der, den Lunker möglichst klein zu machen. Trotzdem haben sowohl Schwefel- wie Phosphorätzungen gezeigt, daß diese Blöcke seigerungsfreier sind als andere; der länger flüssigbleibende Teil im verlorenen Kopf hat eben Zeit, die Seigerungen aufzunehmen. Abb. 43 zeigt den Schnitt durch einen auf diese Weise gegossenen Block, der nach Heyn primär geätzt ist und verhältnismäßig rein erscheint.

Die beiden Verfasser neigen auf Grund ihrer eigenen Betriebserfahrungen und der Beobachtung anderer der Ansicht zu, daß die Herstellung lunkerfreier Blöcke in Zukunft wahrscheinlich nur mit Verfahren durchgeführt wird, die durch Anwendung bestimmter Kokillenformen und warmen Hauben den Stahl von selbst in günstiger Weise erstarren lassen. Ob die Blöcke von oben oder unten gegossen werden, wird von den Betriebsverhältnissen und der Blockgröße abhängen.

Wir verdanken W. Talbot die Untersuchung von 3—5 t-Blöcken im Längsschnitt, die unter Schamottehauben gegossen wurden. Die daraus gezogenen Schlüsse räumten mit der Vorstellung auf, daß es möglich ist, fehlerfreie, nach oben zusammenlaufende Blöcke, zu erzeugen. Die Verjüngung der Kokillen war noch dazu bei den Talbotschen Versuchen sehr klein.

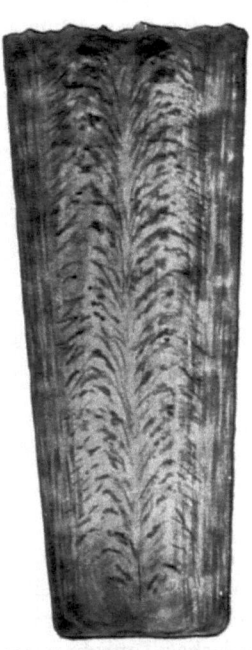

Abb. 43. Schnitt (Zeichnung) durch einen nach Heyn geätzten, verhältnismäßig fehlerfreien Block.

In allen von oben vergossenen Blöcken befindet sich der kältere Stahl unten, was die Fehlerfreiheit der Blöcke auch unabhängig davon begünstigt, ob sich der Block nach oben oder nach unten verjüngt. Auch die Wirkung des Breiterwerdens noch oben in großen und kleinen Blöcken ist nicht dieselbe. Bei kleinen Tiegelstahlkokillen wird z. B. das Querschnittsverhältnis bei 30—35 cm Höhenunterschied wie $4^2:5^2$ sein, während bei großen Blöcken ein Verhältnis von $20^2:21^2$ angebracht ist. Aus diesen und anderen

Gründen kann man die an kleinen Blöcken mit stärkerer Verbreiterung nach oben gemachten Beobachtungen nicht ohne weiteres auf große Blöcke mit schwacher Verjüngung übertragen. Im allgemeinen ist natürlich das Verhalten großer und kleiner Blöcke dasselbe und der nach oben breitere Block ist zweifellos ohne Rücksicht auf die Größe des Blockes das sicherste Mittel, die Erstarrung am Boden beginnen zu lassen.

Bei der regelmäßigen Massenerzeugung von Blöcken bis zu etwa 3 t gießen die Verfasser von unten in nach oben weitere Kokillen, die mit aufgesetzten Schamottehauben versehen sind. Das nähere Zubehör der Kokille ist in Abb. 44 zu sehen. Die Kokille ist

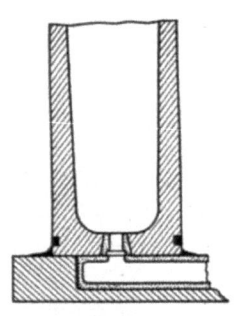

Abb. 44. Kokille und Zubehör für steigenden Guß.

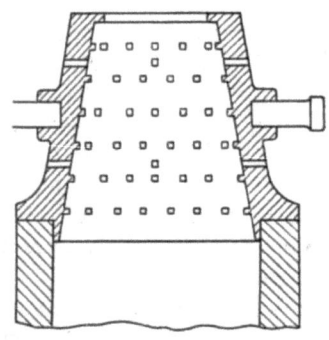

Abb. 45. Aufgesetzte warme Haube.

nicht unten offen und steht nicht auf einer Platte; Boden und Wände sind aus einem Stück hergestellt. Im Boden befindet sich eine nach oben zu schwächer werdende Öffnung, um die ein konisches Tonrohr eingepaßt ist. Dies ermöglicht das regelmäßige Einströmen des Stahles in die Blockachse.

Der feuerfeste Tonring ist auch lang genug, um der eintretenden Flüssigkeit die Richtung zu geben, und sowohl beschädigte Blockformen, als auch Längsrisse in Blöcken, wie sie aus dem in Abb. 34 dargestellten Vorgang folgen, sind praktisch ausgeschaltet.

Die warme Haube hat die Form eines Pyramidenstumpfes (Abb. 45). Sie besteht aus einem Gußeisenmantel und ist mit einer Mischung aus Ton und Sand oder Ton und Ganister ausgefüttert. Der Überzug ist ungefähr 15—18 mm dick. Die Innenseite der Ausfütterung wird mit einer Holzform glatt und gleichmäßig gemacht. Eine Schnauze auf der unteren Seite der Haube paßt gerade in das obere Ende der Kokille. Die Verschmierung geschieht mit Ton und Ganister. Durch die Schnauze wird erreicht, daß die Haube wirklich mit der Kokille zusammenpaßt. Die Ausfütterung wird nach einiger Zeit an der Oberfläche glasartig und durch das Strippen nicht zerstört, sondern hält mit kleinen Instandsetzungen 10—12 Güsse aus. Nachdem die Vorbereitungen in der Gießgrube fertig sind, wird die Fütterung mit Saugluft kräftig gereinigt. Auf diese Weise wird, selbst wenn vorher alle Sorgfalt gebraucht wurde, immer noch eine Menge Schmutz entfernt und das Aussehen der Blockoberfläche beträchtlich verbessert. Die Verfasser glauben, daß die sogenannten Sandstellen im Block, von denen man gewöhnlich annimmt, daß sie von den Kanalsteinen herrühren und mit dem Gießen von unten unvermeidlich verbunden sind, doch zum großen Teil durch Absaugen des Schmutzes verhütet werden können.

Sobald der flüssige Stahl am Boden der Kokille erscheint, wirft man etwas Pech auf das Metall, wodurch die Kokille mit einem dicken Rauch fein verteilten Kohlenstoffs angefüllt wird, der sie mit einer feinen Schichte überzieht und denselben Zweck erfüllt, wie ein Teer- oder Teerölanstrich. Dieses Verfahren hat den Vorteil der größeren Bequemlichkeit und größeren Wirksamkeit.

Bezüglich der Gießgeschwindigkeit kann man keine beständige Regel für alle Stähle aufstellen. Gewöhnlich wird man versuchen, die Kokille so zu füllen, daß sich eine sehr dünne Schichte erstarrten Metalles auf der Oberfläche bilden kann; wendet man beträchtlich geringere Gießgeschwindigkeit an, so entstehen Überlappungen, die wieder Gasblasen verursachen können. Einigermaßen raschere Gießgeschwindigkeit erzeugt wieder Transkristallisation und Neigung zum Reißen. Richtig gegossene Blöcke sind nach Entfernung des verlorenen Kopfes, der bei Blöcken mit 35 cm Durchmesser 10 vH. des Gewichtes beträgt, fehlerfrei.

Wenn der Stahl kalt vergossen wird, was in gewissen Fällen zur Erleichterung des Vorblockens oder Vorpressens notwendig ist, so kann die Kruste erstarrten Metalles durch die aufsteigende Flüssigkeit durchbrochen und Stücke derselben an die Kokillenwände und in den Block hinein gespült werden, was wieder die Ursache zur Gasblasenbildung und anderen Nachteilen sein kann.

98   Fehlerfreie Blöcke.

Bei Blockformen, die sich nach oben verjüngen, wird beim Höhersteigen des Metalles die erstarrte Kruste in einen immer engeren Querschnitt gedrängt und bricht schließlich auf und läßt den Stahl darüber fließen. In der sich nach oben verbreiternden Kokille ist es umgekehrt und es besteht weniger Gefahr, daß die Kruste zusammengedrängt und durchbrochen wird, so daß man, soweit dieser Vorgang in Betracht kommt, bei niedrigeren Gießtemperaturen gießen kann. Abgesehen von allen anderen Vorteilen der nach oben breiteren Kokille, ist dieser Umstand von nicht zu unterschätzender Bedeutung.

Abb. 46. Verlorener Kopf mit eingesetztem Haken.

Die Schwierigkeiten beim Strippen von Blöcken, die mit dem weiten Ende oben gegossen sind, hat zum Gebrauch einiger Erfindungen, die das Strippen erleichtern, geführt. Man kann z. B. die Kokille mit losem Boden versehen, den man dann gleichzeitig nach oben drückt. Ein anderes einfaches Mittel, solche nicht zu große Blöcke zu strippen, besteht darin, einen Haken in den noch flüssigen, verlorenen Kopf zu tauchen; nach dem Erstarren kann dann der Block an dem Haken aus der Kokille gezogen werden. Gegen das Eintauchen solcher Haken wird eingewendet, daß sie den verlorenen Kopf zu rasch zum Erstarren bringen. Dieser Einwand ist jedoch nicht berechtigt. Der verlorene Kopf nach Abb. 46, der eher kleiner als üblich war, wurde zerschlagen, um zu entscheiden, ob der Gebrauch von eingetauchten Haken bei gewissen Arten von Blöcken zulässig ist. Das Bild macht klar, daß in diesem Falle keine schädliche Wirkung eintrat. Wenn der Hakenansatz quadratisch ist, so kann die Schmelzungs- und Blocknummer für jeden Block vor dem Gießen darauf gestempelt werden.

VIII. Gasblasen.

Wenn der Sheffielder Messerschläger an der Inschrift einer Klinge sah, daß sie aus Schweißstahl hergestellt war, so nahm er Längszeilen als unvermeidlich an und hielt sie für eine Eigenschaft guten Schweißstahles. Es ist aber ein Irrtum, zu glauben, daß diese Zeilen unbedingt von Schlacken herrühren müssen; sie können ebensoschlecht verschweißte Gasblasen sein. Blasige Blöcke wurden vor vielen Jahren vorsätzlich gegossen; ob es mit der Absicht geschehen ist, die Schneidkanten zu verbessern oder ob man die Messerschläger täuschen wollte, um Gußstahl für Schweißstahl zu verkaufen, wissen wir nicht. Solcher Stahl sprühte beim Gießen stark und hatte auch im Block ein merkbar geringeres Gewicht. Man erschmolz den Stahl aus Schweißeisen unter Zusatz von Holzkohle und goß ihn, ohne zu desoxydieren, ab, sobald er geschmolzen war. Dies ist einer der wenigen Fälle, wo Gasblasen nützlich oder wenigstens nicht schädlich sind.

Es ist den Verfassern gelungen, in Stearinblöcken durch Sättigen des geschmolzenen Stearins mit Schwefeldioxyd, Azetylen oder Kohlenoxyd die kennzeichnenden Formen von Gasblasen nach Belieben hervorzurufen. Beim Erstarren entweichen die Gase und der noch flüssige Teil schäumt, wenn der Block oben offen gehalten wird, über. Ähnlich wie bei Stahl kann durch rasches Erstarrenlassen und Abdeckeln des oberen Teiles die Gasblasenbildung eingeschränkt werden. Durch Wiederschmelzen des blasigen Stearins können dichte, in gewöhnlicher Weise lunkernde Blöcke erzeugt werden.

Das aus flüssigem Stahl entweichende Gas ist hauptsächlich Kohlenmonoxyd, das man sich als Erzeugnis folgender Reaktionen vorstellen kann: $FeO(MnO) + C = Fe(Mn) + CO$. Wenn wenig Gas entwickelt wird oder wenn es entweichen kann, dann lunkert der Block in gewöhnlicher Weise, wenn aber fortgesetzt Gas entsteht, dann wird das Zusammensinken des Stahles durch den Rauminhalt der Blasen mehr als ausgeglichen und die Blockoberfläche wird anstatt konkav, konvex.

Die übliche Vorsichtsmaßregel beim Gießen sehr weicher Blöcke besteht darin, den Block durch den Eingußtrichter noch längere Zeit nachzufüllen und dann die Blöcke mit einer Platte abzudecken, die festgekeilt wird.

Für Stähle, von denen man erwartet, daß sie treiben werden, ist das Gießen von oben nicht immer angebracht, da die Neigung, Gas zu entwickeln, durch die Oxydation der Spritzer und des freifallenden Stahles vermehrt wird (s. S. 57).

Es wird behauptet, daß infolge der Gasentwicklung die erstarrte Hülle bei unruhigem Stahl dünner ist als bei ruhigem, der unter sonst gleichen Bedingungen vergossen wurde. Als Grund wird angeführt, daß in dem ersteren Falle die erstarrte Wand von dem unruhigen Metall wieder teilweise weggeschmolzen wird. Wie nahe liegend diese Folgerung sein mag, sie ist aber aus folgendem Grund doch nicht richtig: Beide Blöcke enthalten dieselbe Wärmemenge; der unruhige mit der anfänglich dünneren Wand wird zuerst mehr Wärme an die Kokille abgeben und es muß deshalb ein Zeitpunkt kommen, wo er gegen Ende der Erstarrung eine dickere erstarrte Hülle hat als der ruhige Block.

Abb. 46 gibt die Versuche wieder, die diese Verhältnisse darstellen sollen. Es handelt sich um treibende und gasfreie, bei 55^0 C vergossene Stearinblöcke, die nach bestimmten Zeitabständen ausgegossen wurden. Der ruhige Block A hat nach zehn Minuten bereits freie Kristalle gebildet, während beim treibenden solche kaum zu sehen sind. Nach 30 Minuten ist die Wand des treibenden Blockes (D) noch ausgesprochen dünner als die des ruhigen (C), nach 60 Minuten kehren sich, nach dem oben gesagten, die Verhältnisse um und der unruhige Block (F) hat eine dickere Wand.

Das Aussehen der an die Wände angewachsenen freien Kristalle bei ruhigen und unruhigen Blöcken (z. B. bei C und D) ist verschieden. Auch hat das obere Ende bei ruhigen Blöcken Brücken, was bei treibenden nicht der Fall ist. Diese beiden Erscheinungen rühren wahrscheinlich davon her, daß bei unruhigen Blöcken die an den frei wachsenden Kristallen anhaftenden Gasblasen die Kristalle erstens von der Wand wegtreiben und zweitens den Raum bis nach oben immer angefüllt lassen.

Hohlräume oder Gasblasen im Innern eines Blockes können von Teilen der Kanalsteine oder von Teilen der verrosteten Kokillenoberfläche herrühren, die mitten in den Stahl hinein geschwemmt worden waren. Sie können aber auch durch Luftblasen verursacht worden sein, die der aus der Pfanne kommende Gießstrahl mitgerissen hat. Auch aus diesem Grunde sind be-

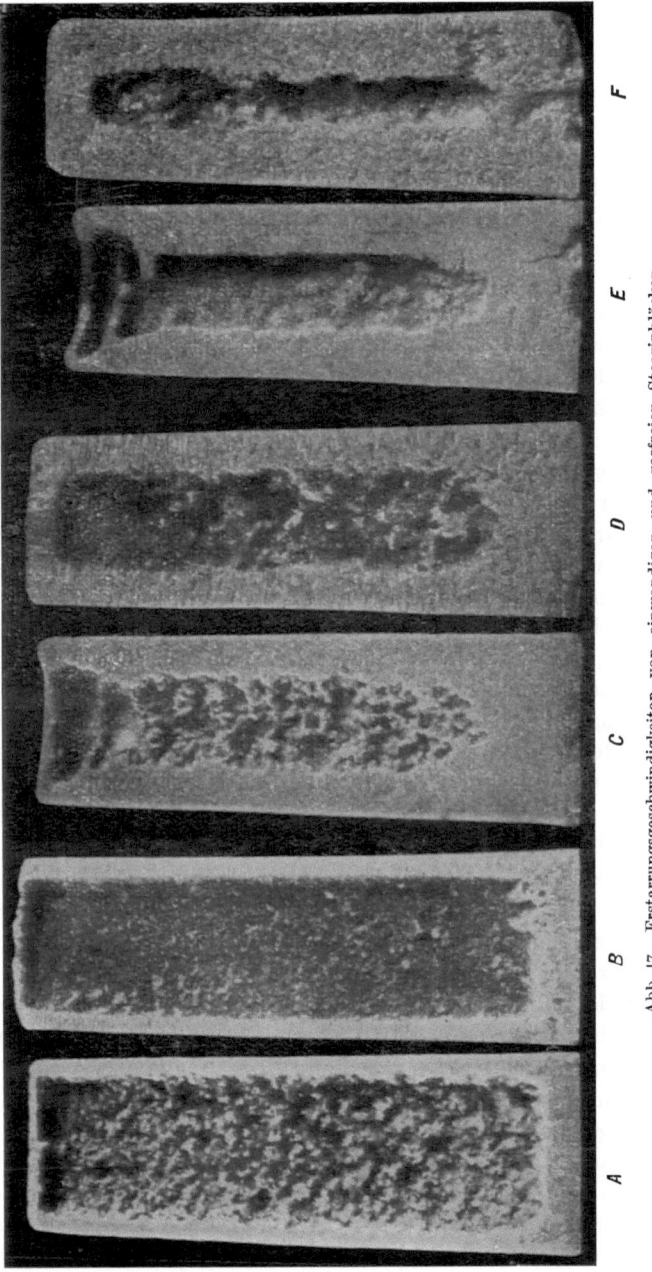

Abb. 47. Erstarrungsgeschwindigkeiten von einwandigen und gasfreien Stearinblöcken.

schädigte Muscheln und alles, was Zerteilung des Gießstrahles mit sich bringt, zu vermeiden. In welcher Weise Luft durch einen unterbrochenen oder zerteilten Strahl in den Block geführt werden kann, ist durch einen kleinen Versuch mit einem Wasserstrahl, der in ein Glas fällt, leicht zu zeigen.

Wenn der Stahl sehr kalt vergossen wird, so bilden sich selbst dann, wenn er nicht unruhig ist, Blasen nahe unter der Blockoberfläche. Sie sind eine Folge der dicken, teilweise oxydierten und erstarrten Stahlkruste, die von der aufsteigenden Flüssigkeit fortwährend gegen die Kokillenwände getrieben wird und sich mit dem noch flüssigem Metall vermischt.

Ähnliche Gasblasen können auch in kalt oder heiß von oben vergossenen Blöcken vorkommen, wenn das Gießen einen Augenblick unterbrochen wird. Während des Gießens war nämlich die Flüssigkeit etwas an den Wänden hinaufgedrückt worden und ist dann während der Unterbrechung wieder zurückgesunken. Es bleibt aber doch eine dünne erstarrte Schicht hängen, die rasch oxydiert, und wenn das Gießen wieder fortgesetzt wird, die Ursache zu den bekannten Reaktionen zwischen Eisenoxyd und flüssigem Stahl gibt, was wieder Gasblasen nahe der Oberfläche zur Folge hat. Primärätzungen von Blockquerschnitten geben oft ein beredtes Zeugnis von solchen Vorgängen. Die rasch erstarrte Haut ist oft so fein, daß sie fast amorph erscheint; die dunklen Flecken innerhalb dieser Haut stellen dann Gasblasenseigerungen dar.

Solche Gasblasen sind leer, wenn der Stahl kalt vergossen wurde, bei heißem Gießen dagegen sind sie mit Seigerungen angefüllt. Gasblasenseigerungen sind ebenso schädlich wie Hohlräume; beide haben faserigen Stahl zur Folge. Damit hängt es zusammen, daß anscheinend fehlerfreie Rohlinge im Gesenk aufrissen, wenn sie in der Richtung der Faser geschlagen wurden. Gasblasenseigerung ist im ungeätzten Stabquerschnitt, obwohl oft vorhanden, nicht zu bemerken. Eine Primärätzung bringt sie aber, wie aus Abb. 48 ersichtlich, leicht zum Vorschein. Vollkommen ruhiger Stahl kann sehr blasige Blöcke ergeben, wenn er in rostige Kokillen vergossen wurde.

Gewöhnlich enthalten transkristallisierte Blöcke Gasblasen nicht durch den ganzen Block zerstreut, sondern in der Mitte. Dies trifft besonders dann zu, wenn der Block oben enger ist. Das kann nicht überraschen, da in einem heiß gegossenen Block die

Gase ungehindert entweichen können und sich auch nicht an die freigebildeten Kristalle anhängen können. Kleine Tiegelstahlblöcke sind immer frei von Gasblasen, was man damit erklären kann, daß sie immer transkristallisieren, was aber vielleicht auch dem Umstande zuzuschreiben ist, daß sie gut desoxydiert waren und gewöhnlich hoch im Silizium und daher blasenfrei sind.

Das gewöhnliche Mittel gegen unruhige Stähle ist Aluminium, das heute so allgemein gebraucht wird, daß man ohne es nicht auszukommen glaubt. Es ist aber nur ein sehr zweifelhafter Ersatz für einen guten Schmelzgang und durchaus nicht so harmlos für die Eigenschaften von erstklassigem Stahl, wie man gerne glauben möchte; obwohl es weniger schädlich ist als Schieferbruch und Fasern, die von Gasblasen herrühren.

In mehreren Fällen hatten die Verfasser die Gelegenheit, aus Blockhohlräumen feines, weißes Pulver zu sammeln, das deutlich kristallinisch war und hauptsächlich aus Tonerde bestand. Die Beispiele zweier in den Jahren 1908—1914 untersuchten Muster waren folgende:

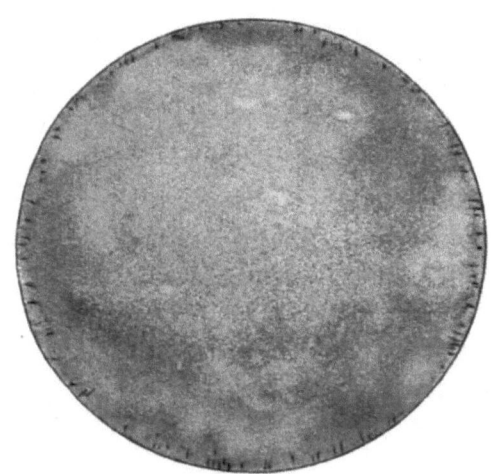

Abb. 48. Seigendungen in einem Stabquerschnitt dicht am Rande.

	1908	1914
Al_2O_3	83,0	73,1
SiO_2	10,4	3,0
Fe_2O_3	0	19,5
FeO	2,4	1,2
MnO	4,0	2,6
CaO	0	—,6

Der Gebrauch von Aluminium ist weniger zu tadeln als sein Mißbrauch. Sein Zusatz zum Stahl ist zur Gewohnheit geworden.

Es sollte eigentlich nur als Arznei verwendet werden, ist aber unbeschränkt auch solchen zugänglich, welche die guten und schlechten Folgen nicht abzuschätzen wissen. Wenn der Stahl den Ofen verlassen hat, soll das Aluminium, wenn es überhaupt hinzugefügt wird, in der Pfanne gebraucht werden. Gegen seine Zugabe in die Kokille ist sehr viel einzuwenden. Man könnte dies höchstens dann gelten lassen, wenn das Aluminium erst in die fast gefüllte Kokille eingeworfen wird; es ist aber schwierig zu verhindern, daß der Schmelzer den Zusatz schon in die halbgefüllte Kokille gibt.

Wir beabsichtigen nicht den Eindruck zu erwecken, daß der Zusatz von Aluminium in die Haube eines Blockes ein empfehlenswertes Verfahren ist. Im Gegenteil, es wird dadurch der Anschein erweckt, als ob der Block lunkerfrei wäre, obwohl dies durchaus nicht der Fall zu sein braucht.

Abb. 49. Aluminiumhältige Fäden im Kern eines Stabes aus Meißelstahl.

Kleinere Blöcke dieser Art kann der Geübte schon durch ihr geringeres Gewicht herausfinden. Ein Block, der ganz oben dicht und etwas weiter unten blasig ist, mag mehr wert sein als einer, der durch und durch voll Blasen ist. Die Gefahr liegt aber darin, daß solche Blöcke zur Verarbeitung gelangen, ohne daß man den gut verborgenen Fehler ahnt. Oft ist es auch üblich, daß die Tiegelschmelzer kleine Stücke Aluminium demjenigen Rest von Stahl zusetzen, der zum Nachfüllen des verlorenen Kopfes dient. Prüft man solche Blöcke durch Abschlagen des verlorenen Kopfes, so erscheinen sie fehlerfrei. Das mag sehr oft aber nur eine Täuschung sein. Daher ist der oben beschriebene Zusatz des Aluminiums nicht zu empfehlen. Abb. 49 zeigt einen merkwürdigen Fall der Wirkung des Aluminiums. In Stangen von Meißelstahl fanden sich beim Brechen in der Mitte feine Fäden folgender Zusammensetzung: Eisen 87 vH, Aluminium 9,2 vH, Tonerde 3,3 vH.

IX. Seigerungen.

Kristallisiert eine Schmelze, die kein reines Metall darstellt, so haben die sich zuerst abscheidenden Kristalle nicht dieselbe Zusammensetzung wie die sie umgebende Mutterlauge. Die Gesetze, die maßgebend sind, werden durch Schaulinien ausgedrückt und sind in metallographischen Lehrbüchern zu finden. Wir wollen uns nicht auf Einzelheiten einlassen, verweisen beispielsweise nur auf eine gewöhnliche schwache Salzlösung, bei der der zuerst erstarrende Teil von der Zusammensetzung der Flüssigkeit sehr verschieden ist. Läßt man eine Schmelze von 80 vH Blei, 20 vH Antimon langsam abkühlen, so sind die zuerst abgeschiedenen Kristalle reines Antimon mit einem spezifischen Gewicht von 6,5, während die Mutterlauge ein spezifisches Gewicht von 10,5 hat. Die Kristalle steigen daher an die Oberfläche, von wo sie abgeschöpft werden können. Wenn die Erstarrung ungestört vor sich gegangen ist, so kann man an einem Querschnitt eines solchen Blöckchens seine Erstarrungsgeschichte ablesen.

In einem Roheisenmischer ist der Vorgang derselbe wie bei Blei-Antimonlegierungen. In beiden Fällen scheidet sich ein von der Mutterlauge verschiedener Körper aus, weil die Flüssigkeit nicht bei einer bestimmten Temperatur erstarrt, sondern innerhalb eines Temperaturbereiches, während welchem das System teilweise flüssig und teilweise fest ist.

Im Roheisenmischer scheiden sich schon bei hoher Temperatur, bevor das eigentliche Roheisen zu erstarren beginnt, Eisen-Mangan-Schwefelverbindungen aus und schwimmen, da sie leichter sind, an die Oberfläche. Dort werden die Schwefelverbindungen durch die Luft oxydiert, worauf der bei Mischern oft wahrnehmbare Schwefeldioxydgeruch zurückzuführen ist. $1/3 - 2/3$ des im Roheisen enthaltenen Schwefels scheiden sich so in Form von Eisen-Manganverbindungen an der Oberfläche der sich abkühlenden Flüssigkeit ab.

Seigerung im Stahl ist niemals so vollständig, daß die Absonderungen oben abgeschöpft oder etwa aus dem festen Block oben entfernt werden können, denn die schädlichen Absonderungen erstarren zuletzt und nicht zuerst. Sie werden vom erstarrenden Metall vor sich hergetrieben und erstarren schließlich an bestimmten, bevorzugten Stellen, die von Blockgröße, Gießtemperatur, Gasentwicklung und Zusammensetzung des Stahles abhängen. Dazu kommen noch die Diffusionsvorgänge, Wärmeströmungen infolge von Temperaturunterschieden, Wanderungen des Kohlenstoffs innerhalb des festen Blockes oder zwischen den festen und den noch flüssigen Teilen. Alle in einem erstarrenden Block sich abspielenden Vorgänge zu schildern, sind wir noch nicht imstande. Wir wollen aber die einzelnen Einflüsse, die sich in Wirklichkeit gleichzeitig geltend machen der Reihe nach getrennt vornehmen.

A. Wenn wir uns vorstellen, daß ein Block mit vollkommener Diffusion nur in der Flüssigkeit, in Ruhe durch stetiges Dickerwerden der festen Randschichte erstarrt, dann wird jede aufeinander folgende Schichte kohlenstoffreicher sein (wenn wir von anderen seigernden Elementen absehen) und die Blockmitte wird, wie kohlenstoffarm der geschmolzene Stahl auch gewesen sein mag, Roheisen sein.

B. Wenn ein Stahl in eine hochfeuerbeständige und schlecht wärmeleitende Form gegossen wird, so daß seine Temperatur durch den ganzen Querschnitt nahezu gleich bleibt, und sehr langsam sinkt, dann wird am Boden des erstarrten Blockes fast reines Eisen sein und je höher die Schichte, desto mehr Kohlenstoff wird sich vorfinden, so daß die oberste Schichte schließlich Roheisen sein wird.

C. Wenn wir uns denken, daß sowohl die Diffusion innerhalb der Flüssigkeit sehr gering wie auch der Wärmeabfall von der Mitte zum Rand klein sind, dann wird jede Schichte für sich seigern; es wird sogar möglich sein, daß der zuletzt erstarrte kohlenstoffreiche Teil einer bestimmten Schichte später erstarrt als die nach innen daran stoßende Schichte zu erstarren beginnt, weil infolge der geringen Diffusion kein Ausgleich stattfindet. Dieser Vorgang wird sich oft wiederholen und im Querschnitt werden Bänder mit geseigerten Streifen sichtbar sein.

Diese drei Grenzfälle sind praktisch nicht erreichbar, dienen aber zur Veranschaulichung der Tatsache, daß Kräfte am Werk sind, die Seigerungen gegen die Mitte, gegen oben und in zeilenförmigen Schichten abzusondern. Sie erklären, daß es auch dann nicht möglich ist, vollkommen gleichmäßigen Stahl zu erzielen, wenn man den verlorenen Kopf entfernt und die Mittelzone herausarbeitet.

Wenn eine Stange aus weichem Eisen bei höherer Temperatur mit kohlenstoffreichen Stahl in Berührung gebracht wird, so wird sie aufgekohlt und nimmt an Gewicht zu. Diese Aufkohlung geht um so rascher vor sich, je höher die Temperatur ist, und wird noch mehr beschleunigt, wenn ein Teil geschmolzen ist. Diese rasche Diffusion von Kohlenstoff zwischen zwei festen Körpern oder zwischen einem festen und einem flüssigen ist derjenige Umstand, welcher die oben genannten Grenzfälle A, B, C am meisten beeinflußt.

Es ist eine allgemeine Erfahrung, daß Stäbe aus weichem Eisen, die zum Offenhalten des Eingusses dienen, allmählich weggeschmolzen werden, selbst wenn die Temperatur der Flüssigkeit niedriger ist als der Schmelzpunkt des weichen Eisens. Dies ist nur dadurch möglich, daß der Schmelzpunkt des Stabes durch Aufkohlung sehr stark herabgedrückt wird. Infolge der raschen Wirkung können mitunter einzelne Kristallite beobachtet werden, die in der einen Hälfte fast unverändert sind, während die andere Hälfte rein perlitisch ist. Bemerkenswert ist, daß ein solcher eingetauchter Stab aus dem Bad verhältnismäßig viel weniger Schwefel und Phosphor aufnimmt als Kohlenstoff. Der Grund dafür ist, daß erstere viel langsamer diffundieren.

Die Art und Weise, in welcher die leichter schmelzbaren und höher gekohlten Flüssigkeitsreste gegen die Mitte und den oberen Teil des Blockes getrieben werden, hängt von dem Aufbau der Kristalliten ab, die den festen Block bilden. Wenn ein wie in Abb. 1 dargestellter Block durch und durch transkristallisiert, dann werden Seigerungen in der Mitte stark angehäuft sein; wenn dagegen frei wachsende Kristalle, die zu Boden sinken, vorwiegen, dann werden sich die Seigerungen hauptsächlich im oberen Teil anzuhäufen versuchen.

Blöcke bestehen aber gewöhnlich aus einem transkristallisierten Teil am Rande und aus einem mittleren Teil mit nicht in einer Richtung orientierten Kristallen. Diese beiden Kristallarten verhalten sich in bezug auf die Mutterlauge verschieden. Der langstrahlig, kristallisierte Teil bildet eine feste zusammenhängende

Masse. Die Kristallite wachsen unter gegenseitiger Berührung und drücken den weniger reinen und flüssigen Rest zwischen ihren Begrenzungsflächen heraus. Dieser flüssige Rest kann, wie aus Abb. 48 ersichtlich ist, in Randblasen gequetscht werden, oder er bewegt sich mehr oder weniger vollständig in das Innere des Blockes. Wie oben erwähnt, hat die Transkristallisation in einer gewissen Entfernung vom Rand meist ein Ende, denn die Temperatur des Inneren fällt bald so tief, daß sich freie Kristalle bilden und zu Boden sinken oder wohl auch an den erstarrten Wänden hängen bleiben. Solche Kristalle liegen etwa wie Distelwolle nebeneinander und lassen der Flüssigkeit genug Raum zwischen sich. Sie üben keinen Druck aufeinander aus und treiben die Mutterlauge nicht wie die langstrahligen Kristallite in eine bestimmte Richtung.

Da die freien Kristalle zu Boden sinken und auf diese Weise die Erstarrung von unten befördern, so wird ein leichter schmelzbarer Rest sich zunächst oben sammeln; beim weiter sich fortsetzenden Lunkern wird er wieder das Bestreben haben, nach unten zu gehen. Dieser zuletzt flüssig gebliebene Teil, der den Raum zwischen den lose nebeneinander liegenden freien Kristallen ausfüllt, wird noch den letzten Lunkerungen folgen und in die zuletzt sich bildenden Hohlräume einzudringen versuchen. Auf diese Weise kommen V-förmige Seigerungslinien zustande. Längs dieser Linien kann man oft kleine Hohlräume finden. Diese V-förmigen Seigerungsstreifen sind im unteren und im obersten Blockteil undeutlicher.

Talbot[1]) und schon vor ihm Neu[2]) haben gezeigt, daß ein im teilweise erstarrten Zustand gewalzter Block im innersten Teil reiner ist als zwischen Mitte und Rand. Auf diese Tatsache stützt sich ein Verfahren Talbots, fehlerfreie Blöcke zu erzeugen. Es ist zweifelhaft, ob dieses Verfahren jemals wird wirtschaftlich angewendet werden können, aber es ist deshalb bemerkenswert, weil die von Talbot vorgeschriebene Behandlung, die Bildung freier Kristalle begünstigt und der Walzvorgang selbst die unreine Mutterlauge herausquetscht.

In Abb. 50 ist der Schwefelabdruck vom Querschnitt eines so behandelten Knüppels zu sehen. Diese Abbildung läßt den

---
[1]) Journ. of Iron and Steel Inst. Nr. 1, 1913. St. u. E. 33, 611. 1913.
[2]) St. u. E. S. 397 u. 1363. 1912.

Schluß zu, daß die freien Kristalle, die in der Mutterlauge lagen, zusammengedrückt wurden und letztere gegen den Blockrand zu gedrängt wurde, bis sie an die transkristallisierte Randschicht stieß. In einigen Fällen, wo es sich nach dem Schwefelabdruck erwies, daß der Flüssigkeitsrest stellenweise bis zur Randzone vorgedrungen war, mußte man schließen, daß der Block während des Vorblocken oder vorher gerissen war und auf diese Weise den unter Druck stehenden flüssigen Seigerungen einen Weg nach außen ließ.

Durch Erhöhung der Gießtemperatur konnte man die transkristallisierte Zone verstärken und die Seigerungen auf einen kleinen Mittelteil zusammendrängen. Howe glaubt, daß die an den transkristallisierten Rand stoßende Seigerungszone von der Auflockerung herrührt, die sich gerade dort während des Walzens einstellen soll, denn diese Teile haben weder die Bildsamkeit der festen transkristallisierten Randschichte noch die Beweglich-

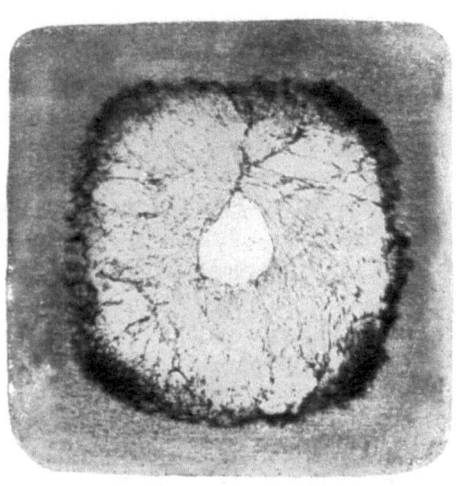

Abb. 50. Schwefelabdruck aus dem Querschnitt eines Knüppels, der aus einem nach dem Talbot-Verfahren gewalzten Knüppel stammt.

keit der erst zum kleinen Teil erstarrten Mittelteile. Diese Stellen entsprechen denjenigen Teilen, die bei schlechten Blöcken reißen und beim Walzen in eine poröse Masse aufbrechen, die etwa wie Löschpapier den unreinen Flüssigkeitsrest eingesaugt hatten.

Während des Erstarrens treiben die von der Wand aus wachsenden langstrahligen Kristallite, die Flüssigkeit vor sich her. Diese Flüssigkeit ist verhältnismäßig unrein, weil es der Rest einer Lösung ist, aus der sich reinere Kristalle bildeten Die Temperatur dieser Flüssigkeit ist der Erstarrungspunkt der eben gebildeten Kristalle. So lange der innere Teil noch vollkommen flüssig ist, wird die Mutterlauge dorthin entweichen können. Wenn aber das Innere oder Teile desselben auf den Erstarrungspunkt abgekühlt sind, so werden sich mehr oder weniger freie Kristalle bilden, die an die erstarrte Wand anhaften und auf diese Weise die freie Bewegung des flüssigen Rückstandes behindern. Mit Ausnahme von treibenden Blöcken werden dort, wo die transkristallisierten und frei gebildeten Kristalle zusammenstoßen, Seigerungen besonders zahlreich werden. Tatsächlich werden auch Faserstreifen überwiegend im Innern von Stäben gefunden. Eine weitere Folge ist die, daß der untere Teil des Blockes, wohin die frei gewachsenen Kristalle abgesunken waren, verhältnismäßig wenig Seigerungsstellen enthalten.

Diese von der Seigerung herrührenden Übelstände sind bei großen Blöcken besonders ausgesprochen. Hersteller von Kanonenrohren und ähnlichen sehr genau zu überprüfenden Schmiedestücken, haben darin eine große Erfahrung. Es ist falsch, wenn man glaubt diese Fehler ganz vermeiden zu können; denn trotz aller Abnahmevorschriften werden Seigerungen so lange bestehen bleiben, so lange Stahl ein zusammengesetzter Körper ist, der innerhalb eines weiten Temperaturbereiches erstarrt.

W. Beardmore[1]) hat einen solchen Block untersucht. Diese Untersuchung zeigte deutlich, daß die Seigerungen in sehr großen Blöcken am Ende der transkristallisierten Zone beginnen. Ob diese Seigerungsstreifen immer wie oben beschrieben, entstehen, kann erst eine weitere Untersuchung großer Blöcke erweisen. Da man aber Querschnitte durch große Blöcke wegen der Kostspieligkeit des Verfahrens selten zu sehen bekommt, so mögen einige weitere Beobachtungen zur Stütze der oben geäußerten Ansicht hier angeführt werden.

A. In einem großen Block, der in eine Schamotteform vergossen wurde, finden sich die Seigerungen fast bis zum Rand und bei Herstellung von Kanonenrohren aus solchen Blöcken ist es unmöglich, an irgendeiner Stelle Probestäbe zu erhalten, die den Bedingungen entsprechen. Dies rührt offenkundig daher, daß die Bildung der transkristallisierten Randzone unterbunden wurde.

B. Ausgedehnte Versuche haben erwiesen, daß viel bessere Ergebnisse in Querproben erhalten werden, wenn die Gießtemperatur hoch war. Dies begünstigt nämlich die Bildung langstrahliger

---

[1]) St. u. E. 37, 843. 1917.

Kristalle und drängt die Seigerungen näher zum Innern. Auch haben die Verunreinigungen besser Gelegenheit ins Innere und gegen oben zu entweichen, weil der Stahl länger flüssig bleibt[1]).

Ashdown stellte einen Längsschnitt durch einen großen Block her, dessen Gußform im unteren Teil aus Eisen und im oberen aus Schamotte war. Das Ergebnis ist in Abb. 51 zu sehen. Viele andere ähnliche Untersuchungen, die uns Ashdown zur Verfügung stellte, bestätigten unsere eigenen Beobachtungen und die daraus gezogenen Schlüsse.

Der ausgeseigerte Flüssigkeitsrest wird bei treibendem Stahl infolge der unübersichtlichen Gasbewegung ungleichmäßig verteilt sein. Er wird natürlich bestrebt sein, infolge des abnehmenden Druckes in die Gasblasen einzutreten. Man findet deshalb die Enden der länglichen Gasblasen in der Nähe der Blockmitte sehr oft mit Seigerungen gefüllt. Kleine Gasblasen können vollkommen mit Seigerungen ausgefüllt sein. Man will diese Art von Seigerungen durch Zusatz von Aluminium verhindern. Dieses wirkt mittelbar dadurch, daß es die die Gasentwickelung verursachenden Oxyde reduziert; in vollkommen ruhigem Stahl hat natürlich Aluminium keinen Einfluß auf die Lage und Menge der Seigerungen. Wenn ein nicht mit einer warmen Haube vergossener Block lunkert, so sind die Lunkerwände gewöhnlich reich an Phosphor, Schwefel und anderen ausgeseigerten Verunreinigungen. Hier möge eingeschaltet werden, daß sich nicht in jedem Hohlraum die niedrig schmelzenden Bestandteile ansammeln. Auf S. 43 war von solchen Fällen die Rede. Der primäre Lunker aber, dessen Oberfläche von der zuletzt ausgeseigerten Flüssigkeit benetzt war, muß mit Seigerungen angereichert sein. Ob ein solcher Lunker bei der Verarbeitung zusammenschweißt, hängt vom Schwefelgehalt an der Berührungsfläche ab. Die Brauchbarkeit eines solchen Stahles ist mehr von der Ausbreitung der Seigerung abhängig als vom Durchschnittsschwefelgehalt. Deshalb ist auch eine bestimmte Mindestgrenze für Schwefel keine Gewähr gegen Rotbruch und andere dem Schwefel zuzuschreibende Übelstände.

Folgende weniger wichtige Seigerungserscheinung, die nur den

---

[1]) Beim Ausbohren von Kanonenrohren ist es natürlich gleichgültig, ob der entfernte Teil Faserstreifen enthielt oder nicht. Es ist hingegen sehr wichtig, ob der an der Bohrung anliegende Teil seigerungsfrei war.

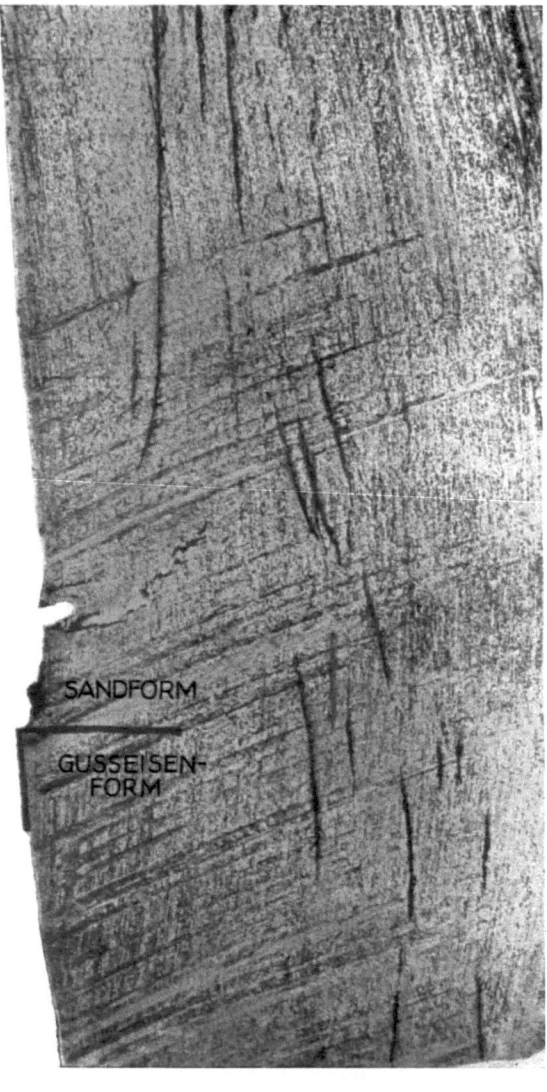

Abb. 51. Seigerungen in einem großen Block, dessen Gußform unten Gußeisen und oben Sand war.

Stahlerzeuger angeht, wäre noch zu erwähnen. In Löffelproben, die unter einer dicken Schlacke genommen werden, bilden sich oft harte Stellen. Der zuletzt erstarrte Teil, eine Löffelprobe, hatte z. B. etwa 1,5 vH Kohlenstoff, während der Durchschnittsgehalt nur 1 vH war. Es ist daraus leicht einzusehen, daß Späne aus einer solchen Probe falsche Werte ergeben und daß eine rasch erstarrte Probe ohne Seigerung vorzuziehen ist. Aus demselben Grunde sind Späne aus dem Eingußtrichter oder den Kanalsteinen oft unverläßlich.

X. Schlackeneinschlüsse.

Wegen der Schlackeneinschlüsse fand Huntsman Zement- und Puddelstähle für Uhrfedern als wenig geeignet. Ob er nun die Zusammenhänge richtig erkannte oder nicht, jedenfalls wurden durch Wiederschmelzen des zementierten Stahles die Schlackeneinschlüsse zum großen Teile entfernt.

Bis vor etwa 25 Jahren glaubte man noch allgemein, daß der Flußstahl keinerlei Schlacken enthalte. Man dachte, wenn man von Schlacken im Stahl sprach, nur an die sichtbaren Schlackenteile, die beim Gießen mit in die Kokille geraten und an der Oberfläche schwimmen oder an der Kokillenwand hängen bleiben, aber entfernt werden konnten. Die Stahlwerker widerstrebten sehr die Tatsache anzuerkennen, daß jeder Stahl mit Schlacke in einem viel feiner verteilten Zustand durchsetzt war. Auch die ersten Metallographen erkannten nicht die Wichtigkeit der Einschlüsse. Entweder waren sie nicht in genügender Berührung mit den Betrieben und der praktischen Erprobung oder sie erzeugten ihre kleinen Musterstücke selbst unter besonders günstigen Bedingungen. Als ein Beweis, wie unwillig man die Gegenwart von Einschlüssen und ihren Einfluß anerkannte, mag die Tatsache dienen, daß man dem Nickelstahl ein durch seine Legierung bedingtes faseriges Gefüge zugeschrieben hat. Dieses Gefüge hat aber mit der Nickellegierung an sich nichts zu tun, sondern Nickelstahl wird häufiger als anderer Querproben unterworfen und man nahm sonderbarerweise an, daß das faserige Nickelstahlgefüge bessere Querproben zur Folge habe. Heute weiß man, daß solche Stähle infolge des Legierungseinflusses des Nickels trotz der Faser besser sind als unlegierte. Jetzt hat man allgemein erkannt, daß Schlacken ein normaler und teilweise unvermeidlicher Bestandteil des Stahles sind, in seinen Wirkungen wichtiger als leichte Schwankungen in der chemischen Zusammensetzung oder in der Wärmebehandlung. Zur Zeit, als Gußstähle noch ausschließlich im Tiegel erschmolzen wurden, war es unter den Stahlmachern allgemein bekannt, daß man durch bloßes Umschmelzen von Stahlstäben und sofortiges Vergießen nach dem Niederschmelzen keinen blasenfreien Block erzielen könne. Man mußte die Schmelzung länger im Ofen lassen und die Temperatur so hoch als möglich treiben, um den Stahl zu beruhigen. Während dieser Ausgarzeit geht zwischen Stahl und Tontiegel eine

Reaktion vor sich, bei der Silizium in das Bad hinein reduziert wird. Die Menge des Siliziums ist davon abhängig, ob und wieviel Ton oder Graphit im Tiegel vorhanden ist und es kann als allgemeine Regel gelten, daß der Siliziumgehalt um so höher ist, je höher der Kohlenstoffgehalt des Tiegels war. Abb. 52 gibt eine von Thallner gemachte Beobachtung wieder, die zeigt wie bei einem Einsatz von 0,4 vH Kohlenstoff, 0,3 vH Silizium, 0,1 vH Mangan sich die Zusammensetzung des Erzeugnisses ändert, wenn der Kohlenstoffgehalt des Tiegels zunimmt. In Deutschland verwendet man meist graphithaltige Tiegel. Die in solchen Tiegeln erschmolzenen Stähle haben einen etwas höheren Siliziumgehalt

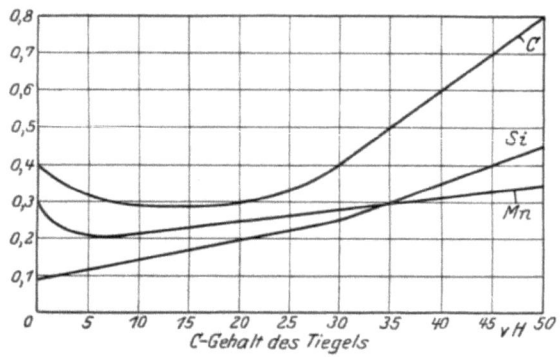

Abb. 52. Einfluß der Tiegelwand auf die Stahlzusammensetzung.

(bis 0,45 vH). Das Silizium wirkt als starkes Beruhigungsmittel und anstatt der Reaktion $FeO + C = CO + Fe$, die ein Gas ergibt und erst nach dem Vergießen in der Kokille vor sich geht, haben wir die Reaktion $2 FeO + Si = SiO_2 + Fe$. Diese Reaktion ergibt kein Gas, sondern einen festen Körper, der sich beim Stehen abscheidet. Wenn der Tiegeleinsatz einschließlich aus Schrott bestünde, so wäre es möglich, ohne Beruhigungsmittel fehlerfreie Stähle zu bekommen.

Vor etwa 35 Jahren kam der Zusatz von Aluminium auf und es wurde dadurch die Ausgarzeit nicht mehr unbedingt nötig. Der Zusatz von Aluminium beruhigte, ohne daß sich anscheinend ein Fehler zeigte, jeden Stahl und man ersparte sich auf diese Weise viel Brennstoffkosten. Es kam aber mitunter vor, daß eine weißgelbe Absonderung an der Blockoberfläche oder

Schlackeneinschlüsse. 115

in dem eingesetzten Tonring zum Vorschein kam. Diese Tonerdeabsonderung war die Folge des Aluminiumzusatzes knapp vor dem Vergießen in die Kokille oder sogar erst in den halb erstarrten Kopf. Letzteres Vorgehen wird natürlich kein sorgfältiger Stahlwerker gutheißen können.

Das Aluminium setzt sich mit den Sauerstoffverbindungen in Tonerde um und da das Aluminium sich rasch im Stahl verteilt, so werden die Desoxydationserzeugnisse sich in feinster Verteilung vorfinden. Letztere sind auch teilweise die Ursache für die Erscheinung, die man im Solinger Gebiet „Grindigen Stahl" nennt. Es äußert dies sich darin, daß bei einer Klinge oder einem anderen Werkzeug, wenn es auf Hochglanz poliert ist, sich in der polierten Fläche feine Grübchen zeigen. Bevor das Aluminium als Desoxydationsmittel eingeführt wurde, war diese Erscheinung an polierten Flächen sehr selten, während jetzt viele Stähle aus diesem Grunde zurückgewiesen werden. Die feinen punktförmigen Vertiefungen in der Politur werden durch Tonerdeteilchen verursacht, die aus der Oxydation des Aluminiums entstanden sind[1]).

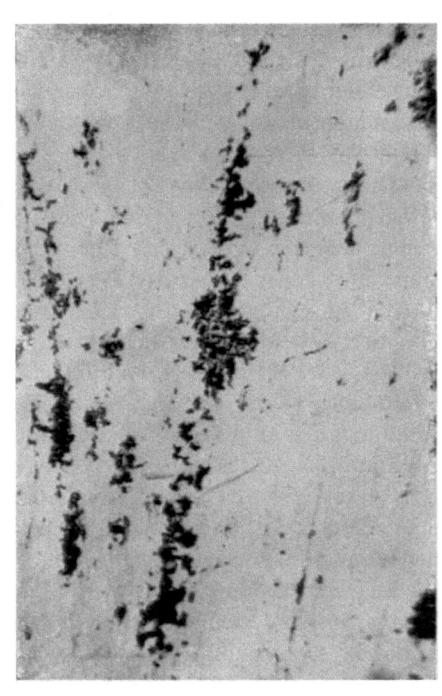

Abb. 53. Tonerdeanhäufungen im Messerstahl.

Wenn nur wenig Aluminium gebraucht wird und der Schmelzvorgang mit Vorsicht durchgeführt wurde, dann befindet sich

---

[1]) Es muß aber bemerkt werden, daß diese Einschlüsse nicht die alleinige Ursache des Grundes sind, vielfach wird auch eingeschlagener oder eingewalzter Zunder oder unzweckmäßiges polieren (z. B. schlechtes Poliermittel) für den Fehler verantwortlich sein.

die Tonerde sehr fein verteilt und bleibt soweit es die mechanischen Eigenschaften von weichem Stahl anbelangt praktisch harmlos. Bei Anwendung größerer Aluminiummengen und bei größeren Blöcken finden sich Anhäufungen von verhältnismäßiger Größe (Abb. 53), die zu Härterissen führen können, wenn man auch oft sehr schwer den unmittelbaren Zusammenhang eines Risses mit diesen Absonderungen festzustellen imstande ist. Bei Massenerzeugnissen aus dem Siemens-Martinofen oder aus der Birne können sich bei großen Blöcken Tonerdeteile im Unterteile des Lunkers oder in anderen Hohlräumen anhäufen und das Zusammenschweißen beim Walzen oder Schmieden verhindern. Die chemische Zusammensetzung solcher Tonerdeteile wurde an zwei Beispielen schon auf S. 103 gezeigt.

Dieser Zusammenhang zwischen der Verwendung vom Aluminium und dem „Grindigen Stahl" wurde erwähnt, um die Tatsache hervorzuheben, daß feste Desoxydationsprodukte wenigstens kurz nach Zusatz des Desoxydationsmittels durch die ganze flüssige Masse gleichmäßig fein verteilt sind. In Abhängigkeit von der Zeit, die bis zum Erstarren vergeht, werden sich nun größere oder kleinere Anhäufungen bilden und es sollte nicht vergessen werden, daß in erstklassigem Stahl für bestimmte Verwendungszwecke manche Übelstände erst mit dem Gebrauch des Aluminiums auftreten.

Für andere nichtmetallische Einschlüsse, die beim Gießen aus dem Martinofen oder aus der Birne in den Stahl kommen, können ähnliche Überlegungen gelten.

Im Siemens-Martinofen wird der geschmolzene Stahl durch Zusatz von Erz und durch das Eisenoxyd der Schlacke oxydiert, in der Birne besorgt es die durchgeblasene Luft. In beiden Fällen bildet sich aus den Oxyden und der Kieselsäure ein Eisen- und Mangansilikat, das gleich der Tonerde anfänglich durch die ganze Masse fein verteilt ist. Später vereinigen sich die meisten dieser feinen, vielleicht kolloidalen Teile zu Tröpfchen, die dem Auftrieb gehorchen und an die Oberfläche steigen. Läßt man diesem Vorgang genug Zeit, so würden alle nicht metallischen Verunreinigungen an die Oberfläche schwimmen. So langes Stehenlassen ist aber nicht möglich. Beim Zusatz von Eisen-Mangan oder Eisen-Silizium wird ein größerer Teil des Zusatzes verbraucht und in manganreiche Eisen-Mangan-

Schlackeneinschlüsse.

Silikate umgesetzt. Diese Reaktionserzeugnisse haben sicher nicht Zeit genug, sich vom geschmolzenen Stahl abzutrennen. Nehmen wir vorläufig aber dies an (was in der Praxis tatsächlich nicht der Fall ist), so würde doch beim Einlaufen in die Pfanne oder beim Ausfließen aus der Pfanne in die Kokille der Stahl mit Luft in Berührung kommen. Die unvermeidliche Folge davon ist Oxydation des Kohlenstoffs (weshalb man um den Gießstrahl eine Kohlenmonoxydflamme beobachten kann), des Eisens, des Mangans und des Siliziums, welch letztere Bestandteile zusammen wieder eine Silikatschlacke geben.

In keinem Falle ist der Stahl also ganz frei von nichtmetallischen Einschlüssen. Ihre Menge mag mitunter verhältnismäßig klein sein, wenn die Desoxydation ordentlich ausreagieren konnte und der Stahl im Ofen oder der Pfanne abstand, damit die Teile zusammenfließen und an die Oberfläche steigen konnten. Mag dies aber auch noch so vollständig der Fall gewesen sein, so sind immer noch während des Vergießens die Bedingungen für die Bildung von Oxydationsprodukten gegeben, die in den Block geraten.

Es gibt zwei Wege, diese Schlackenbildung zu vermeiden. Der erste wäre der, den Gießstrom, so gut es geht vor Berührung mit der Luft zu bewahren. Beim Vergießen von ein oder zwei großen Blöcken könnte man an der Gießmuschel eine Verlängerung anbringen, die immer entweder knapp oberhalb der Stahloberfläche aufhört oder etwas eintaucht; natürlich müßte das Verlängerungsrohr und damit auch die Pfanne in dem Maße wie der Stahl steigt, höher gehoben werden. Andere Mittel wären, Gießen im Vakuum oder in einer inerten Atmosphäre. Alle diese Verfahren sind versucht und zweifelhafte Ergebnisse erzielt worden. Abgesehen von diesen besonderen Maßnahmen muß aber immer getrachtet werden, eine Zerteilung des Gießstromes durch beschädigte oder schlecht sitzende Stopfen zu vermeiden. Beim Gießen von oben kann dadurch die der Berührung mit Luft ausgesetzte Oberfläche verdoppelt oder verdreifacht werden und beim Gießen im Gespann kann der Gießstrom geradezu luftansaugend wirken.

Ein zweiter Weg, der beim Gießen sich bildenden Oxydationsschlacke zu begegnen, ist, den Stahl so heiß zu gießen, daß er in der Kokille absteht und die Schlackenteilchen Zeit haben, an die Oberfläche zu steigen. Wir glauben nicht, daß dieses im allgemeinen ein empfehlenswertes Verfahren ist, da es mehr Schäden hervorruft als es vermeidet. Heiß zu gießen mag bei der Herstellung großer Blöcke für gewisse Zwecke nützlich sein. Dieser Fall liegt dann vor, wenn man die Verunreinigungen durch eine transkristallisierte Schichte in das Innere des Blockes treiben, will sie dann entfernt werden (z. B. bei Kanonenrohren, s. S. 111).

Die im erstarrten Stahl sich vorfindende Schlacke hat nicht dieselbe Zusammensetzung wie die im Ofen. Gießt man z. B. sehr große Blöcke aus einer oder mehreren Pfannen gleichzeitig durch eine Rinne in eine Kokille, so beobachtet man, daß sich an der Oberfläche fortwährend Schlackentröpfchen bilden. Vergleicht man nun die Zusammensetzung dieser Schlacke mit der Schlacke in der Abflußrinne, so zeigt sich ein beträchtlicher Unterschied, der aus nachfolgendem Beispiel ersichtlich ist.

	Ofenrinne		Pfannnenrinne	
	A	B	A	B
SiO_2 . . .	52,4	58,8	38,9	43,3
AlO_3 . . .	2,0	0,3	13,2	1,7
FeO	23,3	14,5	9,1	5,6
MnO . . .	8,1	16,5	36,8	41,6
CaO . . .	13,6	3,4	1,2	Spur

Die starke Zunahme der Tonerde ist auf Zusatz von Aluminium zurückzuführen und der größere Anteil des Mangan-Oxydes in der Pfannenrinnenschlacke auf Eisenmanganzusatz. Die Gegenwart von Kalk in der Schlacke A beweist, daß sie nicht allein aus Reaktionen nach dem Abstich herrührt, sondern teilweise auch aus der Ofenschlacke, weil sich ja sonst die Gegenwart von Kalk nicht erklären ließe. Schneidet man große Blöcke durch, so kann man in Hohlräumen, die gewöhnlich in der Nähe des zuletzt erstarrten Teiles liegen, Schlackenkörner in der Größe von einer Erbse bis zu einer Haselnuß finden. Sie haben gewöhnlich ungefähr Kugelgestalt. Es seien einige Zusammensetzungen von solchen Schlackenkugeln angegeben, die in Blöcken bis zu 50 Tonnen gefunden wurden. Der Stahl war in jedem Fall mit Aluminium behandelt:

	A	B	C	D
SiO_2 . . .	41,2	52,8	28,8	42,9
Al_2O_3 . . .	28,6	27,8	37,5	6,3
FeO . . .	Spur	0,14	—	1,0
MnO . . .	27,0	18,4	29,2	47,0
CaO. . . .	—	—	—	1,3

Gebraucht man kein Aluminium, so enthalten die Schlackeneinschlüsse keine Tonerde, wohl aber beträchtliche Mengen Eisen-Oxydul. Zwei von Jäger untersuchte Muster ergaben:

SiO$_2$ . .	36,75	37,70
FeO . .	18,27	18,36
MnO . .	45,9	43,4

Aus diesen Angaben ist ersichtlich, daß die Schlackeneinschlüsse im Stahl nicht notwendig Ofenschlacke sind, sondern in ihrer Zusammensetzung sehr von dem Desoxydationsmittel abhängen. Ihre Verteilung im Stahl hat man nicht in der Hand. Sie sind bestrebt, mit den leicht schmelzbaren Teilen in die Dendritenverästelungen hineinzugehen. Wir wissen nicht genau, ob Schlacke im Stahl löslich ist, aber es hat doch den Anschein, als ob sie schon vor der Erstarrung des Stahles abgeschieden wäre. In manchen Fällen werden sie von den wachsenden Dendriten an die Grenze der Primärkristalliten gedrängt und sind dann oft im erkalteten Stahl von einer Ferritzone umgeben, wie aus Abb. 54 ersichtlich ist. In letzterer bemerkt man die dunkle Primärkristallitumgrenzung innerhalb welcher ein feiner Ferritfaden zu sehen ist.

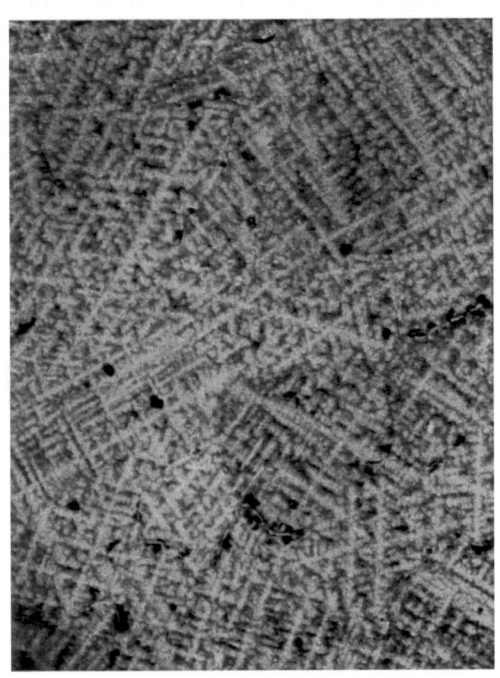

Abb. 54. Ferritstreifen an den Grenzen der Primärkristallite.

Die Schlackeneinschlüsse, obwohl ihrem Gewichtsanteil nach sehr gering, beeinflussen doch das Gefüge sehr stark. Das in

Abb. 54 sichtbare Gefüge ist für einen Block nicht außergewöhnlich, für ein Schmiedestück aber einigermaßen unerwartet, da man von der Wärmebehandlung und der Verarbeitung voraussetzt, daß die Primärkristallisation nicht mehr erkennbar ist. Sie bleibt am deutlichsten sichtbar, wenn der Stahl unter einer stark oxydierenden Schlacke erschmolzen und bei hoher Temperatur gegossen wurde. Solche Stähle bilden noch im Block Schlacke, die an die Grenzen des Primärkristallites geht.

Im geätzten Querschliff von stärkeren Stäben aus solchen Blöcken sind die dendritischen Formen trotz der Verarbeitung mehr oder weniger bestehen geblieben. An den Kristallitgrenzen sind kleine, nicht metallische Einschlüsse vorhanden, die erst bei starker Vergrößerung sichtbar sind. Ihre Beziehung zu den Dendriten kann auf folgende Weise nachgewiesen werden. Man ätzt ein poliertes Stück mit verdünnter, angesäuerter Eisenchloridlösung. Es entsteht dann um den Schlakkeneinschluß eine dunkle Zone, deren Durchmesser ungefähr 100 mal so groß ist, wie der Durchmesser des Schlackenteilchens (Abb. 55). Ob das hartnäckige Bestehenbleiben des dendritischen Gefüges in Schmiedestücken nichtmetallischen Einflüssen (die wieder die Folge von Überoxydation und hoher Gießtemperatur sind) zuzuschreiben ist, bleibt nur eine wahrscheinliche Annahme und der genaue Beweis wird noch viel Forschungsarbeit erfordern. Es kann aber kein Zweifel darüber bestehen, daß Schlacken die Seigerungen befördern.

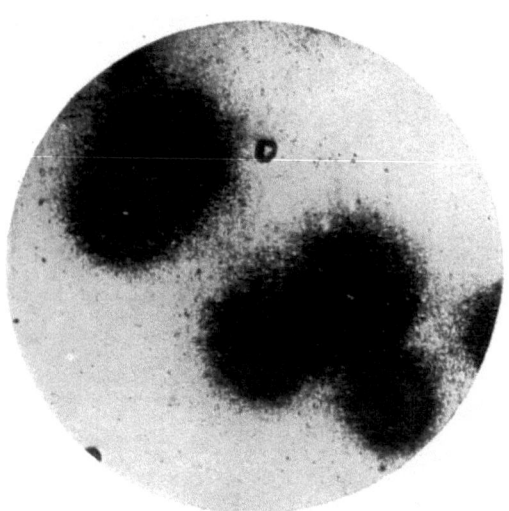

Abb. 55. Durch Ätzen entstandene dunkle Höfe um Schlackeneinschlüsse.

Ein unmittelbarer Beweis für den Einfluß der Schlackeneinschlüsse in dieser Hinsicht wurde dadurch erbracht, daß in einen Knüppel drei Löcher gebohrt wurden, in die Hammerschlag, Siemens-Martinofenschlacke und Sand gefüllt wurde. Dann wurde ein gut sitzender Stopfen aus Stahl derselben Zusammensetzung eingetrieben, oben zugeschlagen und zugeschmolzen und schließlich in eine Stange ausgewalzt. Ein Querschliff durch einen solchen Stahl zeigte dort wo der Hammerschlag war, nur einen Ferritfleck. Der Stahl war also entkohlt und der Hammerschlag reduziert worden. Die Martinofenschlacke war von einem Ferritband umgeben (Abb. 56), das man teilweise der Entkohlung zuschreiben kann. Ein solcher Ferritstreifen findet sich aber auch um den Sandeinschluß, wo keine Entkohlung anzunehmen ist. Der schädlichste Einfluß der Schlackeneinschlüsse liegt darin, daß sie den Zusammenhang des Metalles unterbrechen. Die Stahlwerker behaupten im

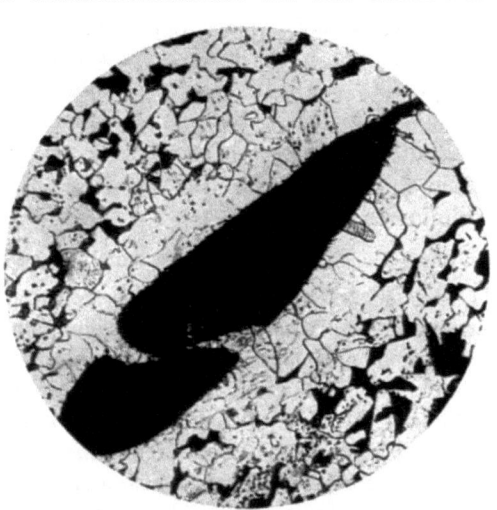

Abb. 56. Ferritseigerung um einen Schlackeneinschluß.

allgemeinen nicht, daß die Schlacke nützlich ist. Sie sagen aber mit Recht, daß sie als ein unvermeidlicher Bestandteil angesehen werden muß. Stahl enthält immer Mangansulfide oder Schlacke; vollkommen schwefelfreies Metall könnte nur erreicht werden, wenn die Entschwefelungsreaktionen ganz zu Ende geführt werden könnten; die Schlacke könnte man nur dann vollkommen fernhalten, wenn man gewisse Reaktionen im Ofen vollkommen vollenden und den Stahl während des Gießens vor jedem oxydierendem Einfluß schützen könnte. Es ist jedenfalls sehr fraglich, ob es je gelingen wird, diese beiden Bedingungen zu erfüllen. Die erstere wird wahrscheinlich noch schwieriger zu erreichen sein als die letztere.

XI. Der Einfluß von Fehlern im Block auf geschmiedeten Stahl.

Bei den Berechnungen des Ingenieurs ist der dabei angewandte Sicherheitskoeffizient ein Maßstab unserer Vorsicht oder auch unserer Unfähigkeit und unserer Unwissenheit und wenn diese Zahl z. B. zwischen 2 und 10 schwankt, dann sind entweder die Erprobungen ungenau oder sie sind falsch gedeutet oder der Baustoff ist unverläßlich.

Die chemische und mechanische Untersuchung setzt stillschweigend voraus, daß der geprüfte Teil ein genaues Bild des ganzen Stückes gibt. Dies stimmt aber niemals genau und kann oft zu ganz falschen Annahmen führen; denn schon das erste Erzeugnis, der Block ist niemals vollkommen. Der Zweck dieses Abschnittes ist nun, zu betrachten, wie gewisse Unvollkommenheiten in Blöcken, die Eigenschaften des geschmiedeten Stahles beeinflussen.

1. Hohlräume und Seigerungen.

Der schädliche Einfluß eines Schwindungshohlraumes oder eines Lunkers wird davon abhängen, bis zu welchem Grad er verschweißt ist; aber selbst wenn dies vollkommen der Fall ist, so wird der Stahl nicht ganz der gleiche sein, wie dann, wenn der Hohlraum überhaupt nicht dagewesen wäre. Die Schädlichkeit solcher Fehler hängt aber auch sehr davon ab, wozu der Stahl gebraucht wird. Bei hohlen Stücken, wie Kanonenrohren, Turbinentrommeln, Zylindern wird der Mittelteil entfernt und wenn bei solchen Stücken der Lunker nicht sehr einseitig war, wird er nicht viel schaden. Auch bei Radreifen ist ein kleiner Lunker nicht schädlich, vorausgesetzt, daß er mit dem Mittelteil herausgestanzt wird. Ähnliches gilt für Kugellager, Fräser, Hohlbohrer und andere Werkzeuge, aus denen der lunkrige Teil, möge er nun verschweißt sein oder nicht, entfernt wird.

Wenn dagegen der fehlerhafte Werkstoffteil im fertigen Gegenstand bleibt, wie bei Drehwerkzeugen, Bohrern, Kreissägen, Gewehrläufen, Kurbelwellen, Kugeln usw., so kann dies sehr unangenehm werden. In manchen Fällen, wie bei Achsen, geraden Wellen, Schienen, Trägern, gewalzten Blattfedern ist der Fehler verhältnismäßig harmlos.

Hohlräume und Seigerungen.

Ein Stab aus Meißelstahl, der wie in Abb. 57 dargestellt, infolge Seigerungen in der Mitte härter ist, wird beim Gebrauch leicht ausspringen. Wird aus einem Stab mit einem solchen Fehler beispielsweise ein Spiralbohrer gemacht, so wird er leicht brechen.

Bei Kreissägen splittern oder brechen einander gegenüberliegende Zähne oft aus, während die übrigen ganz bleiben. Bei mehrfach gekröpften Kurbelwellen erscheinen an den Querflächen feine Risse. Bei Gewehrläufen bleibt der Bohrer stecken oder stumpft sich ab. Die Schädlichkeit des Lunkers und der axialen Seigerungen ist bei Stäben für Gewehrläufe besonders groß, abgesehen von dem Einfluß, den sie auf die Lebensdauer des Gewehres haben können. Das Bohren der Gewehrläufe ist ein sehr heikler Vorgang und wenn nicht der ganze ausgebohrte Werkstoff gleichmäßig ist, so wird der Lauf exzentrisch. Die Seigerung, die den Lunker immer begleitet, könnte nur dann nicht schädlich sein und ein konzentrisches Loch erlauben, wenn sie breiter ist als der Bohrer; aber auch dann ist man nicht sicher, weil die Seigerung, selbst wenn sie im Block genau in der Mitte war, im Stab seitwärts liegen kann, was

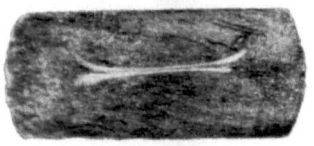

Abb. 57. Harter Kern in einem Stab aus Meißelstahl.

durch Walzversuche erwiesen wurde. Jeder Gegenstand, in den ein Loch gebohrt werden muß, bietet dem Bohrer dann Schwierigkeiten, wenn er gleichzeitig harten und weichen Werkstoff schneiden muß.

In den am meisten geseigerten Teilen kann der Schwefel- oder Phosphorgehalt 10 mal so groß sein als im Durchschnitt und es ist deshalb für manche Zwecke weit vorteilhafter, fehlerfreie Blöcke mit höherem Schwefelgehalt zu nehmen als lunkrigen Stahl mit niedrigem Schwefelgehalt. Zu dem hohen Schwefelgehalt kommen auch noch Phosphor und Kohlenstoffseigerungen dazu. Der Schwefel ist hauptsächlich als nicht metallischer Einschluß vorhanden und dem Zusammenschweißen und der Verarbeitung bei höheren Temperaturen hinderlich. Es ist keine Übertreibung, wenn man sagt, daß die Streitfrage zwischen der Schmelzhütte und dem Hammerwerk, ob ein Stab lunkerig ist oder zerschmiedet wurde, so lange bestehen wird, als die Blöcke mit primärem oder sekundärem Lunker behaftet sind. Innen längsrissiger Draht ist eines der besten Beispiele für den Einfluß von Seigerungen

124 Der Einfluß von Fehlern im Block auf geschmiedeten Stahl.

und Lunker auf kalt verformten Werkstoff. Dem Anscheine nach fehlerfreier Draht wird im Längsschnitt eine Reihe von diesen Rissen zeigen, die sich beim Biegen bis zur Oberfläche fortsetzen. Es ist wohl möglich, daß auch aus völlig fehlerfreiem Stahl bei unzweckmäßigen Zieheisen und bei zu starker Querschnittsabnahme solcher fehlerhafter Draht gezogen wird; aber unter gleichen Arbeitsbedingungen wird der Stab aus einem gelunkerten und geseigerten Block beim Ziehen eher in der Mitte reißen, weil der geseigerte harte Teil sich nicht in dem Maß streckt wie die weicheren Randteile. Dieser Übelstand zeigt sich nicht allein bei Draht. Abb. 58 zeigt z. B. eine ähnliche Stelle in einer Schraube aus kalt gezogenem Nickelstahl. Da sich der Lunker nicht durch den ganzen Block erstreckt und auch die Seigerungen nicht gleichmäßig verteilt sind, so erscheint aufgerissener Draht nicht bei allen Stäben aus einem Block oder einer Schmelzung. Dies und die verschiedenen Arbeitsweisen bei den Ziehbänken erklärt das gelegentliche Auftreten dieses Fehlers.

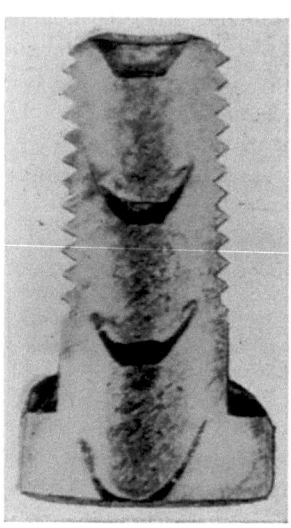

Abb. 58. Kalt gezogener Draht mit Innenrissen.

Jeder Schmied soll wissen, daß man bei der Herstellung eines Rundstabes so lange als möglich die quadratische Form beibehalten soll und erst wenn man nahe an den gewünschten Querschnitt herangekommen ist, auf achteckige und schließlich auf runde Form übergehen soll. Wenn der Stab während des Schmiedens von Anfang bis zu Ende rund ist, dann würde er leichter in der Mitte reißen. Bei Betrachtung der Abbildung könnte man den Eindruck gewinnen, daß ein Rundstab beim Herabarbeiten auf einen geringeren Querschnitt, wenn er dabei gedreht wird, in der Mitte aufreißen muß. Dies ist aber nicht richtig. Es besteht natürlich die Neigung zum Reißen und es wird auch tatsächlich eintreten, wenn die Bearbeitung gewaltsam genug ist, weil die gleichzeitige Drehung und Streckung des Stabes, die Mitte durch Scheerkräfte aufreißt. Ein vollkommen fehlerfreier Stahl

Hohlräume und Seigerungen.

muß aber auch eine Streckung des Rundstabes, wenn sie nicht zu gewaltsam ist, vertragen.

Die Verfasser verwenden ein Verfahren, bei dem der Stab gleichzeitig gedreht und gestreckt wird, um die Widerstandsfähigkeit von Stahl, der unter verschiedenen Bedingungen gegossen ist, zu prüfen. Die betreffenden Blöcke werden auf Stäbe verwalzt und auf bestimmte Länge abgeschnitten. Von Blöcken mit dem breiten Ende nach unten, halten nur die Stäbe aus dem unteren Blockdrittel diese Erprobung aus. Blöcke mit dem breiteren Ende oben halten zu 75 vH diese Erprobung aus. Sind die Blöcke aber sehr heiß gegossen, dann trifft auch dies nicht mehr zu.

Es sei noch folgender Versuch erwähnt: Ein Block wurde zu einen Knüppel verwalzt, der Länge nach in der Mitte durchgesägt und jede Hälfte zu Probestäben gestreckt. In diesen Probestäben entspricht die Achse nicht der Blockachse und auch nicht irgendeiner anderen gefährlichen Ebene des Blockes und es ist bemerkenswert, daß von 300 solcher Probestäbe nicht ein einziger bei der obigen Erprobung in der Mitte aufriß. In dem Maße, wie die Ansprüche an den Stahl immer größer sein werden, wird dieses alte, wenn auch selten ausgeübte Verfahren Blöcke oder Knüppel vor dem Weiterverarbeiten der Länge nach zu spalten, wieder häufiger ausgeübt werden.

Die Bodenpyramide ist in heiß gegossenen Blöcken sehr deutlich und an ihrer Begrenzung befinden sich entweder Schwindungshohlräume oder Gasblasen. Während des Schmiedens wird die Pyramide oder der Kegel nicht oder nur unvollständig an die anliegenden Flächen verschweißen und im Stab die Ursache zu einem losgelösten Kernteil geben, wie man ihn in Abb. 59 sieht. Bei gewöhnlichen Kohlenstoffstählen haben die Verfasser nur ein einziges Mal einen solchen Fehler gesehen, dagegen sehr häufig bei lufthärtenden, vor allem Schnelldrehstählen. Der Kernteil hebt sich oft so deutlich vom übrigen Stahl ab, daß man glauben könnte, er stammte von einem zufällig in die Kokille hineingefallenen fremden Stahlstück. Gelegentlich könnte dies auch tatsächlich möglich sein. In den meisten Fällen wird dagegen die Analyse beweisen, daß Kernteil und der übrige Stab derselben Zusammensetzung sind. Die Fälle, in denen gelunkerter und geseigerter Werkstoff in dem fertigen Gegenstand nicht schädlich oder gar vorteilhaft ist, sind sehr selten. Ein gutes Beispiel dafür mag Blattfederstahl sein.

126 Der Einfluß von Fehlern im Block auf geschmiedeten Stahl.

Es mag merkwürdig erscheinen, einen augenscheinlichen Blockfehler als nicht schädlich anzusehen; aber man kann vom Stahl nicht von vornherein als von gut oder schlecht sprechen, wenn man seinen Verwendungszweck nicht kennt. Bei Blattfedern werden bekanntlich einzelne gebogene Federblätter zusammengepaßt; denn eine Feder aus einem einzigen Stahlstück wäre weniger sicher, weil ein Anriß sich rasch durch die ganze Feder verbreiten würde und in einer Blattfeder ein Riß natürlicherweise mit einem Blatt endet. Man übertrage nun diesen für die Blattfeder

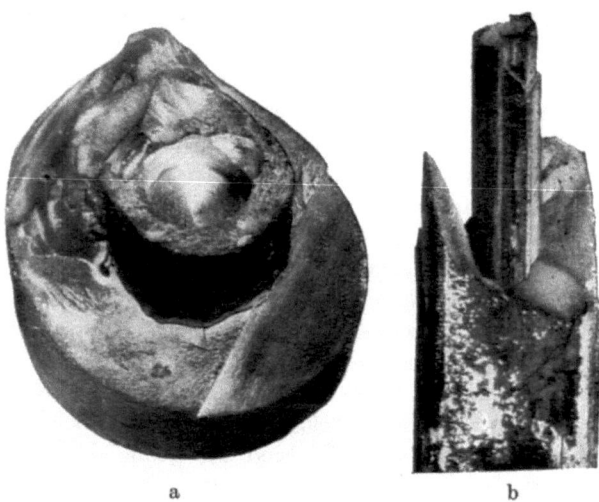

Abb. 59 a, b. Losgelöste Kernteile in Schmiedestäben.

allgemein erkannten Gedankengang auf Federblätter, die aus dem gelunkerten und nicht gelunkerten Teil des Blockes stammen und wird leicht einsehen, daß der erstere größeren Widerstand bietet, weil er längs des verschweißten Lunkers eine Trennungsfläche aufweist. Man könnte hieraus den Schluß ziehen, daß für Federn, Stahl aus dem oberen Blockteil ebensogut ist wie aus dem unteren.

Federnerzeuger sind auch gewohnt, daß was sie faserigen oder sehnigen Bruch nennen, als sehr wünschenswert anzusehen, obwohl es nichts anders ist als Streifen, die aus verschweißtem Lunker, Schlackeneinschlüssen und Gasblasen herrühren. In Abb. 60 ist aus einer Werbeschrift einer Federnfabrik ein solcher Blattfedernbruch, der als vorbildlich angesehen wird, wiedergegeben. Achsen sind wie Federn senkrecht zu ihrer Längsrichtung beansprucht und alles was einen Anriß zum Stillstand bringt oder ihn ablenkt, wird einen Bruch quer zur Längsrichtung erschweren, weil auf solche Weise, die zum Bruch erforderliche Energie größer sein wird, als bei vollkommen gleichmäßigem Werkstoff.

Die Art und Weise, wie die Faser, die auf der Richtung dieses Anrisses senkrecht steht, die Fortpflanzung dieses Anrisses verzögert, kann sehr einfach dadurch gezeigt werden, daß man

Abb. 60. Fasersehne im Blattfederstahl.

ein starkes Papier mit einer Messerspitze mit Längsritzen versieht und senkrecht dazu einkerbt. Wenn man nun dieses Papier nach der Fortsetzung dieses Kerbes zu zerreißen versucht, so wird der Riß längs des ersten Ritzes rechtwinkelig umbiegen und es wird sich bis zum anderen Ende eine sehr unregelmäßige Rißlinie ergeben. Diese Rißlinie ist ein vereinfachtes Bild des faserig-sehnigen Bruches wie er bei Schweißeisen so sehr gelobt und bei Einsatzstahl überschätzt wird.

2. Zeilen und Faser.

Das mausgrau-sehnige Aussehen der Bruchfläche von Eisen und Stahl kommt dadurch zustande, daß die Festigkeit in den Kristallitgrenzen größer ist als die der Kristalle selber. Es entsteht dann durch die, in die Länge gezogenen Kristalle, das mausgrau-sehnige Aussehen. Die Fasersehne wird durch Schlacke verstärkt und kann unter Umständen ihr allein zuzuschreiben sein. Es kann gelegentlich vorkommen, daß die Bruchfläche einer Zerreißprobe in der Mitte grau und sehnig ist und am Rand kristallin (in solchen Fällen kann man beobachten, daß die Mitte nur dann dunkel erscheint, wenn man senkrecht auf die Bruchfläche beobachtet; sieht man dagegen schief, so erscheint die Mitte ebenso weiß oder noch weißer als der Rand). Bei genauerer Beobachtung des mittleren Teiles hat man den Eindruck, daß er durch Gleiten der Kristalle in der Richtung der Stabachse längs der Schlackenstreifen entstanden ist. Ein solcher Bruch ist schematisch in Abb. 61 dargestellt.

Der Einfluß von Schlakkenstreifen auf das Verhalten von Stahl unter Spannung hängt von der Richtung der Beanspruchung ab. Im Block liegt die Schlacke als runder Einschluß, der dann durch die Verarbeitung in die Länge gestreckt wird. Diese nichtmetallischen Einschlußzeilen ziehen den sich abscheidenden Ferrit an sich, geradeso wie eine in eine Zuckerlösung eingehängte Schnur die Bildung von Kandiszuckerkristallen möglich macht. In Abb. 62 sieht man auf der linken Seite den ungeätzten Schliff eines an Schlacke ungewöhnlich reichen Elektrostahles und rechts den geätzten, aus dem deutlich wird, daß der Ferrit sich bevorzugt an die Zeilen anlagert.

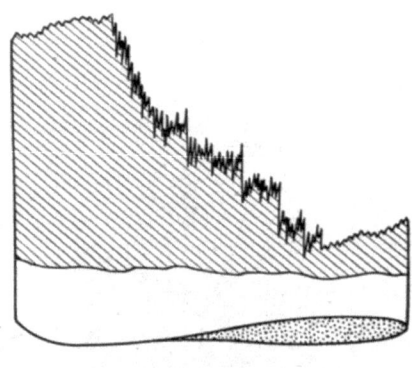

Abb. 61. Schematische Darstellung der Schlackenfasern in einem Stab.

Es ist leicht einzusehen, von welchem Einfluß es ist, ob der Stahl senkrecht oder in der Richtung dieser Zeilen beansprucht wird.

Ein Block eines in der Bessemer Birne hergestellten Stahles mit 3 vH Nickel wurde auf einen Knüppel verwalzt. Der Knüppel wurde der Länge nach in der Mitte durchschnitten und von jeder Hälfte eine Reihe Proben in verschiedener Richtung zur Stabachse entnommen. Die Stäbe wurden bei 830° in Öl gehärtet und bei 650° angelassen. Die Ergebnisse zeigt die Zahlentafel und das Schaubild in Abb. 63.

Probenrichtung zur Stabachse	Streckgrenze in kg/mm²	Festigung in kg/mm²	vH		Kerbzähigkeitswerte in kg/cm²		
			Dehnung[1])	Einschnürung			
Parallel	43,9	51,6	23,5	60,7	8,68	9,66	8,98
	—	50,0	23,5	61,0	8,82	8,54	
20°	42,3	51,2	23,0	59,2	9,52	8,68	8,68
	41,9	51,2	23,0	59,0	8,82	8,54	9,24
40°	43,4	50,9	23,5	58,2	6,16	7,90	5,60
	43,9	50,9	24,0	58,5	5,94	7,04	5,18
60°	43,3	51,01	17,5	28,3	3,50	4,06	3,78
	44,5	51,2	15,5	27,9	3,22	2,94	3,50
80°	43,75	51,5	15,5	26,1	2,24	2,66	2,38
	45,9	51,6	14,5	25,2	2,66	2,52	2,66
90°	43,75	50,41	18,5	32,2	2,52	2,66	2,66
	45,6	51,4	15,5	25,5	2,38	2,52	2,24

Die Bruchgrenze ist von der Lage der Probe nahezu unabhängig, wenn nicht ein ausnahmsweise großer Schlackeneinschluß an der Oberfläche des Probestabes liegt. Dehnung und Einschnürung zeigen dagegen einen ausgesprochenen Abfall, wenn die Schlackenzeile mit der Probestabrichtung einen Winkel von mehr als 40° einschließt. Besonders stark aber ist der Einfluß auf die Kerbzähigkeit und das Verhältnis der Kerbzähigkeitswerte

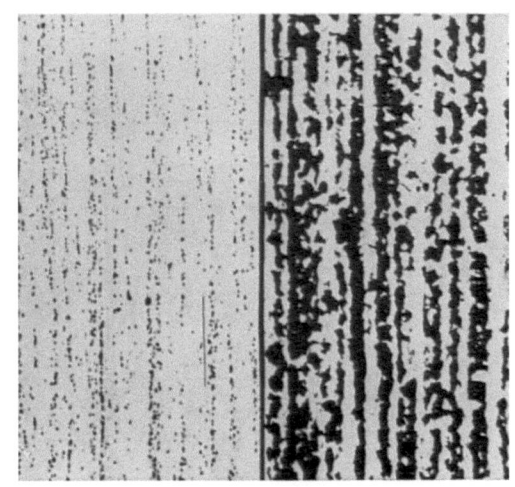

Abb. 62. Schlacken- und Ferritzeilen.

aus Quer- und Längsproben ist überhaupt ein guter Maßstab für die Menge und Verteilung von Schlackenzeilen. Die in Abb. 63

---

[1]) Die Dehnung bezieht sich auf den Kurzzerreißstab.

130 Der Einfluß von Fehlern im Block auf geschmiedeten Stahl.

skizzenhaft gezeichneten Bruchproben sind für das Aussehen der in verschiedener Richtung entnommenen Proben sehr kennzeichnend. Die Energie, um einen Riß durch faserig-sehniges Eisen oder Stahl fortzusetzen, ist größer als bei faserfreiem Werkstoff, weil der

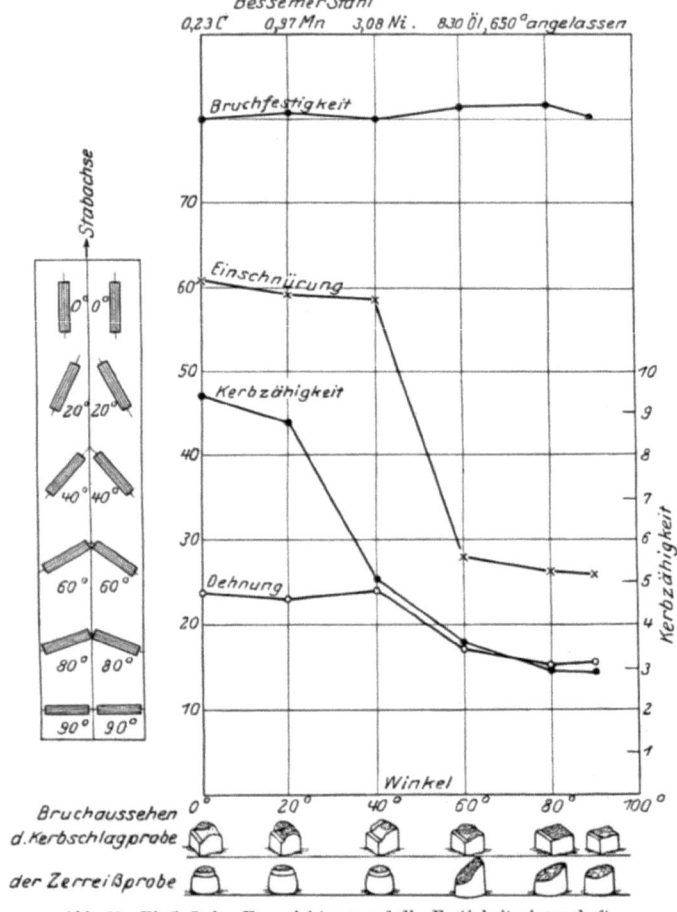

Abb. 63. Einfluß der Faserrichtung auf die Festigkeitseigenschaft.

Riß, wenn er eine Zeile erreicht, abgelenkt wird. Folgender Umstand ist dabei zu beachten: Wenn nämlich der Stab auch nur etwas gebogen ist, dann wirkt schon die Biegungsbeanspruchung nicht mehr parallel zum Riß, sondern sucht mit einer Komponente den Riß in der Richtung der Zeile abzulenken, was eine gewisse Mehrenergie erfordert. Es kommt noch dazu, daß der Riß, wenn er einmal der Zeile gefolgt ist, wieder einen frischen Anriß in der nächsten Schichte beginnen muß und es ist eine alte Erfahrung, daß es besonders bei weichem Werkstoff schwieriger ist, einen Anriß zu erzeugen, als einen Riß fortzusetzen. Von diesem Standpunkt aus könnte man schließen, daß Zeilen vorteilhaft sind. Es darf dabei aber auch nicht vergessen werden, daß sich bei faserigem Werkstoff Risse in der Längsrichtung sehr leicht bilden können.

Man kann annehmen, daß der Durchschnitt der Kerbzähigkeiten aus Längs- und Querproben etwa diejenige Kerbzähigkeit sein wird, die vollkommen gleichmäßiger schlacken- und seigerungsfreier Stahl hätte. Diese Annahme ist nicht gut beweisbar: eine mittlere Kerbzähigkeit stellt aber den niedrigsten bei Längs- und den Höchstwert bei Querproben dar.

Folgende Zusammenstellung gibt einige Kerbzähigkeitswerte verschiedener Werkstoffe (im Durchschnitt aus 3 Versuchen) bei Längs- und Querproben.

Stahlart	Kerbzähigkeit in kg/cm²					
	Längs			Quer		
Nickel-Chrom-Stahl . . .	11,34	11,76	11,62	4,2	3,6	4,90
Nickel-Stahl	8,34	8,54	8,12	2,38	2,94	3,36
Fertige Wagenfedern . . .	5,04	4,90	5,46	1,12	0,98	1,26
Titan-Stahl	3,50	3,64	3,78	0,84	0,70	0,70
Einsatzstahl	14,72	14,56	14,84	4,48		5,15

In gewöhnlichen Handelsstählen von weniger als etwa 90 kg/mm² Festigkeit sind die Werte für die Längsproben etwa dreimal so groß wie für die Querproben. Sind sie nur zweimal so groß, kann man den Stahlwerker dazu beglückwünschen, daß er reinen Stahl erzeugt hat; sind sie viermal so groß, dann ist der Stahl entweder besonders schlecht oder auch für manche Zwecke besonders gut.

Schlagende Werkzeuge gehen oft wegen Faser zu Bruch. Bei einer solchen Beanspruchung ist die Faser besonders schädlich, weil sie die Trennung in der Längsrichtung außerordentlich befördert. Ähnliche Fälle liegen vor bei vom Stab abgestochenen Scheiben für Zahnräder und Fräser. Jeder Zahn wird dann parallel zur Faser, gerade in der Richtung beansprucht, die für seine Haltbarkeit am schädlichsten ist. Man kann nun auch für solche Teile abgeschnittene Flachstäbe benutzen, die man dann nur an den Ecken abzurunden braucht. Dadurch wird die Beanspruchung an einer Seite zwar senkrecht auf die Faser, auf der anderen Seite aber parallel zu ihr sein. Man kann aber auch noch schließlich gestauchte Scheiben verwenden, was als das beste Verfahren anzusprechen ist. In Abb. 64 ist dieses Verhalten deutlich gemacht und es sind dort die Kerbzähigkeiten an verschiedenen Stellen von Scheiben zu sehen, die nach den drei geschilderten Verfahren hergestellt wurden.

An den nach dem letzten Verfahren geschmiedeten Stücken werden allerdings die Oberflächenfehler am deutlichsten werden und ein Stahl, der Randblasenseigerungen, wie in Abb. 48 dargestellt ist, hat, wird sehr stark aufgerissene Kanten haben. Man wird deshalb legierte Stähle und überhaupt schlecht schweißbare Stähle am besten erst dann stauchen, wenn man wenigstens an dem größten Teil der Oberfläche die Fehler entfernt hat.

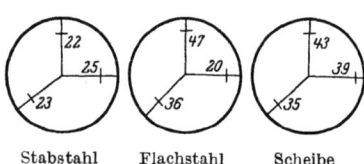

Stabstahl Flachstahl Scheibe

Abb. 64. Verhältnismäßige Zähigkeit von Getriebzähnen in Abhängigkeit von der Faserrichtung.

Wenn ein Stahlstück spröde ist, entweder weil es gehärtet oder weil es grobkörnig ist, so wird sich kein faseriger Bruch zeigen, obwohl viel Schlacke vorhanden ist. Diese Erfahrung macht man besonders oft bei einsatzgehärten Stücken, die in der Randschicht sowohl in der Längs- wie in der Querrichtung glatten Bruch zeigen, wie stark in der Mitte die Faser auch ausgeprägt sein mag). Sogar ein schlecht verschweißter Lunker kann in einem gehärteten Stahl der Beobachtung entgehen. Wenn man daher das faserige Bruchaussehen besonders deutlich machen will, so muß man die gehärteten Stücke so hoch als nur möglich anlassen. Auf diese Weise ergibt sich eine gute Probe dafür, ob der Stahl verhältnismäßig schlackenfrei ist; völlig faserfreier Stahl wird selten anzutreffen sein.

Eine solche Probe gibt uns aber immer noch nicht ein richtiges Bild über den Einfluß dieser Schlacken und die Querzerreißprobe ist auch ein sehr zweifelhaftes Mittel, um sagen zu können, ob eine größere Stahlmenge für einen bestimmten Zweck brauchbar ist oder nicht. Große Mengen von sehr wertvollen Schmiede- und Gußstücken werden jährlich dem Ausschuß zugeteilt, weil ein grober Einschluß durch die Bearbeitung zufällig an der Oberfläche zum Vorschein kam. Wäre dieser Einschluß zufällig innen, so würde man das Stück nicht zurückgewiesen haben, obwohl es an sich dadurch nicht besser ist.

Je länger eine Querprobe ist, desto mehr besteht die Gefahr, daß sie vorzeitig infolge von Einschlüssen bricht. Wenige Schmiede- oder Gußstücke werden den Abnahmebedingungen entsprechen, wenn die Probenlänge gleich der Breite des betreffenden Stückes war. Bruchproben über eine größere Fläche, Ätzproben, Kerbschlagproben, oder ähnliche Erprobungen. die auch die Ausdehnung des Fehlers anzeigen, werden besseren Aufschluß geben als Zerreißproben, wo es dem Zufall überlassen ist, ob gerade an ihrer Oberfläche ein Schlackeneinschluß vorhanden war.

3. Kristallanordnung.

Schon im Jahre 1775 war es bekannt, daß in Metallen Kristallite, ähnlich wie sie in Abb. 54 dargestellt sind, vorkommen können. 100 Jahre später bewies Tschernoff, daß auch Stahlblöcke aus solchen Kristalliten bestehen. In jedem Block sind Hunderttausende solcher Kristalliten vorhanden. Wenn Stahl ein vollkommen gleichmäßiger Körper wäre, dann könnte man das Vorhandensein der Kristalliten schwer zeigen; da aber die Verunreinigungen in die zuletzt erstarrenden Teile getrieben werden, kann man durch Ätzung die Umrisse der Kristalliten leicht feststellen. Man braucht nur eine aus dem Block geschnittene Scheibe mit verdünnter Schwefel- oder Salzsäure zu ätzen. Die Eigenschaften eines Stahlblockes hängen sehr von der Art der Kristalle ab, aus der er sich aufbaut und die Folgen der Primärkristallisation können durch kein Schmieden oder Walzen vollkommen weggetilgt werden.

Die wohlausgebildeten Diagonalflächen bei heiß gegossenen Blöcken sind besonders bei achteckigen Blöcken gefährlich, aus denen Hohlschmiedestücke oder Radreifen hergestellt werden. Erzeugt man Radreifen aus Scheiben vom Block, so können die Scheiben beim Lochen an den Ecken reißen. Die Neigung zum Reißen ist aber nicht einmal bei allen Scheiben vom selben Block die gleiche. Bei genauerer Beobachtung findet man, daß die schwächsten Scheiben aus den am raschesten gegossenen Blockteilen stammen.

Wenn man das zu heiße Gießen nicht vermeidet, dann reißen sehr viele Blöcke infolge der Transkristallisation an der Oberfläche, bevor sie zum Walzwerk oder in die Schmiede kommen. Bei der Bearbeitung öffnen sich die Risse und gehen bei weiterer Streckung in Längsrisse über. Solche Längsrisse bereiten besonders beim Gesenkschmieden große Schwierigkeiten. Von den viel harmloseren Oberflächenstreifen sind sie kaum zu unterscheiden und es ist sehr schwer, sie vollkommen herauszumeißeln, weil der Riß in einiger Entfernung von der Oberfläche so fein wird, daß man ihn nicht mehr sieht. Die Tatsache, daß beim Gesenkschmieden sehr oft gerade dort Fehler entstehen, wo ein Längsriß ausgemeißelt wurde, zeigt, daß die schadhafte Stelle nicht vollkommen entfernt worden war.

Wenn die Transkristallisation, wie es bei kleinen Blöcken oft vorkommt, bis in das Innere reicht, dann werden sie beim Walzen auf runde Stücke wahrscheinlich aufreißen. Man wird solche Blöcke daran erkennen, daß sie von allen Seiten gleichmäßig anreißen und daß das Bruchaussehen langstrahlig nadelig ist. Wenn dagegen die Risse nur von einer oder zwei Stellen ausgehen und der Bruch normal ist, kann man Überhitzung im Wärmeofen annehmen. Ein gutes Beispiel eines zu heiß gegossenen Blockes, der beim Walzen in Stücke brach, ist in Abb. 17 zu sehen.

Aber nicht nur durch Risse kann man die transkristallisierte Zone von der übrigen noch in geschmiedeten Stücken unterscheiden. So kann man in ganz großen Teilen, wie Schiffswellen, die von einem achteckigen 60 Tonnenblock geschmiedet wurden, an einem geätzten oder verrosteten Querschnitt eine achteckige Figur sehen. Ähnliches bemerkt man auch an schwächeren Stücken, die aus kleinen Blöcken geschmiedet wurden.

Namenverzeichnis.

Amende 60.
Ashdown 11.
Batty 67, 68.
Beardmore 110.
Hadfield 84.
Hall 64, 76.
Harbord 64, 76.
Harmet 11, 50, 64, 86, 87, 89, 90—92.
Heyn 95.
Hibbard 20.

Hinsdale 86.
Illingworth 91.
Jäger 119.
Kilby 72, 73.
Kowarsch 78.
Leitner 35.
Neu 108.
Popp 21.
Rapatz 43.
Rensch 54.

Robinson 91, 92.
Rodger 91, 92.
Schivetz 60.
Stead 42.
Talbot 13, 95, 108.
Thallner 114.
Thiele 60.
Vickers 53.
Williamson 69.
Withworth 88, 89.

Sachverzeichnis.

Abblättern infolge Faser 42.
Abdeckeln 72, 99.
Abdrehen des Blockes 52.
Abfall 55, 79, 133.
— durch Knochenstücke 72.
Ablösen der erstarrten Randschichte 87.
— des Blockes von der Blockform 35, 87.
Abmeißeln 53.
Abmessung der Blockform 2.
Abnahmebedingungen 133.
Abreißen beim Hängenbleiben 43.
Absaugen des Staubes 97.
Abschleifen 53.
Abschreckwirkung der Kokille 21, 22.
Abstich, Reaktionen nach dem 118.
Achteckkokillen 53.
Achse, Hohlräume in der 81.
Achsen, Fehler von 122.
Alpaccablöcke 79, 80.
Aluminium, Fehler verursacht durch 107.
Aluminiumzusatz 103, 104—105, 111, 114—119.

Anlassen 50.
Anstrich 29, 30.
Antimonlegierung 105.
Asbestring 85.
Aufkohlen bei hohen Temperaturen 84, 107.
Auflockerung der Seigerungszonen beim Walzen 109.
Ausflußgeschwindigkeit 63, 64.
Ausgarzeit 113—114.
Ausgleichgruben 39, 50.
Auslauf 63, 64.
Ausschuß 55, 79, 133.
Bänder infolge Seigerung 106.
Batty, Einrichtung von 67, 68.
Beanspruchung in verschiedener Richtung der Faser 132.
Beizen 53.
Bersten der erstarrten Haut 54.
Berührungsfläche zwischen Block und Kokille 33, 37.
Besprengen der Kokille mit Wasser 32.
Bessemer-Birne 28, 29.
Bessemer-Verfahren 32, 59.

Sachverzeichnis.

Biegungsfestigkeit 26, 27, 124—130.
Birne 28, 29, 32, 59, 116.
Blattfedern 122, 125, 126, 127.
Bleche 52, 85.
Bleilegierung 105.
Blockachse, Hohlräume in der 5, 15.
— poröse Stellen in der 16.
Blockgewicht 20.
Blockgröße 39, 40, 55, 72, 95.
Blockmitte 106—108, 111, 122.
Blockoberfläche, unreine 32—36.
Bodeneinsatz 56.
Bodenkanal 76.
Bodenkegel 8, 46, 53, 90, 125.
Bodenplatte 45, 53.
— aus Stein 76.
— gewölbt 56, 78.
— Wirkung der 55.
Bodenpyramide 5, 8, 17, 24, 55, 125.
Bodenring 32.
Brechen der Blöcke 2, 3.
Bruchaussehen 1, 3, 6, 27, 28, 134.
Bruchfläche 5, 19, 80, 127, 128, 132.
Bruchgrenze, Abhängigkeit von der Faser 129.
Brückenbildung 14, 15, 47, 73, 100.
Chromstahl 5, 66, 131.
Dehnung, Abhängigkeit von der Faser 129.
Dendriten 91, 120.
Dendritenverästelungen 119.
Desoxydation 28, 115, 116, 119.
Diagonalflächen, Schwächestellen in den 5, 6, 7, 16, 18, 24, 25, 133.
Diffusion, langsame, von Schwefel und Phosphor 106, 107.
Doppelmuschel 67.
Draht, Risse in 122, 124.
Drehmesser 80.
Drehwerkzeuge, Fehler von 122.
Druck, ferrostatischer 54, 64, 65, 71 bis 75, 78.
Durchbrüche 77.
— Mittel gegen 78.
Eingußtrichter 73, 74, 77, 78, 93, 112.
Einsacken der Flüssigkeitsoberfläche 10, 14, 15.

Einsatzstahl 131.
Einschlüsse als Ursache von Härterissen 116.
Eisenmanganverbindungen, Abscheiden von 105.
Eisenoxyd 56.
Elektrostahl 28, 29, 63, 93, 128.
— und Tiegelstahl, Vergleich 29, 62.
Entschwefelungsreaktion 121.
Erstarren 1, 4, 40, 105, 109.
— freies 13.
— rasches 99.
— Spannung beim 50.
Erstarrung, Allgemeines über 39, 94, 115.
— ungestörte, der Blöcke 87.
— von unten nach oben 44.
Erstarrungsgeschwindigkeit 100, 101.
Erstarrungspunkt 2, 9, 109, 110.
Erwärmen der Kokillen 31.
Erzzusatz 116.

Faser und Festigkeitseigenschaften 129.
— und Kerbzähigkeit 129.
— bei verschiedenem Verwendungszwecken 131, 132, 133.
Fasersehne 126, 128.
Faseriger Stahl 102, 103, 130.
Ferrostatischer Druck 54, 64, 65, 71—75, 78.
Flachkokillen 79.
Flüssigkeitsrest bei der Erstarrung 109.
Flüssigkeitsstrom 65, 75.
Formguß 87, 133.
Formmasse 51.
Fräser 80.
— Fehler in 122, 131.

Gasblasen 22, 99—105.
— am Rande 66, 103, 132.
— Folgen von 125.
— im Federnstahl 126.
— im Stearin 99.
— Mittel gegen 114.
— und Gießgeschwindigkeit 97.
Gasblasenbewegung 112.
Gasblasenentwickelung 106.

Sachverzeichnis.

Gasblasenseigerungen 6, 8, 102, 111.
Gesenke 52, 53.
Gesenkschmiede 134.
Gespann, Blöcke im 34, 59, 61, 69 bis 79, 85, 86, 92—96.
— drehbares 93.
Gespannplatte 76—78.
Gewehrläufe 42.
— Bohren der 123.
— Fehler in 122, 123.
Gießdauer 40, 63.
Gießen, heißes 53, 71, 74, 102, 117, 125, 134.
— — Einfluß auf die Schmiedbarkeit 134.
— im Vakuum 117.
— in inerter Atmosphäre 117.
— kalt 21, 22, 98, 102, 109, 110, 120.
— unterbrechendes 102.
— von oben 59, 63—74, 85, 92, 95, 100, 117.
— von unten 34, 59, 61, 69—79, 85, 86, 92—96.
— weicher Blöcke 99.
Gießgeschwindigkeit 20, 21, 40, 63, 67, 69, 74, 97.
Gießgrube 32.
Gießmuschel 63, 67, 68, 117.
— aus Magnesit 69.
— aus Schamotte 69.
Gießöffnungen 68.
— gleichbleibende 69.
Gießpfanne 61, 62, 66, 67, 68, 70, 104, 115, 120.
Gießplatte 79, 93.
Gießstrahl 64, 66, 67, 69, 76, 99, 100, 102, 113. 117.
— Abreißen des 85.
— Oxydation des 65.
— Verhinderung der Oxydation des 117.
— Zerteilung des 102.
Gießtemperatur 2, 10, 20, 21, 25, 28, 29, 40, 46, 98, 106, 120.
Gießverfahren, allgemeine Einteilung von 61.
Gießvorbereitungen 56, 61, 97, 114.

Gips 3.
Graphitanstrich 29.
Graphittriegel 67.
Grauguß 82.
Grindiger Stahl 115, 116.

Haarröhre, Verhalten beim Ziehen 88.
Hängenbleiben des Blockes in der Kokille 3, 43, 61.
Harmetverfahren 50, 64, 86—92.
Harbord, Einrichtung von 64.
Härterisse, Einschlüsse als Ursache von 116.
Häute, erstarrte 14, 54.
Hohlbohrer, Fehler in 122.
— lunkriger Stahl in 73.
Hohlkegel 81.
Hohlräume 6, 10, 16, 24, 46, 48, 73, 74, 75, 76, 82, 83, 87, 88—91, 100, 102, 108, 111, 122—127.
— diagonale 17.
— Gas- 57.
— im Bruch sichtbare 80.
— längs der Blockachse 15, 42, 44, 81.
— Mittel gegen 93.
— oxydierte 57, 86.
— seitliche 18.
— Schwindungs- 47, 122, 125.
— Tonerde in 103, 116, 118.
— verborgene 79.
— Zusammenschweißen der 42, 86, 116.
— zwischen den Kristallen 18.
Hohlschmiedestücke 133.
Hohlstücke 51.
Holzkohleverwendung, bei Warmhauben 84.

Illingworthverfahren 91, 92.
Innenfehler 50.
Innenrisse 25, 50, 51.

Kaltbruch im Gegensatz zu Warmbruch 37, 45.
Kaltwalzen 79.
Kanalsteine 73, 75, 76, 78, 93, 97, 100, 112.
Kanonenrohre 51, 53, 111, 118.
— Fehler in 122.
— — Querproben von 110.

Sachverzeichnis.

Kegel 7, 8.
— abtrennbare im Oberteil 81.
— Boden- 8, 46, 53, 90, 125.
— Hohlräume längs des 6.
Kerbschlagproben 133.
Kerbzähigkeit, Einfluß der Faser auf die 129, 131, 132.
Klingen 115.
Knochenstücke, Abfall durch 72, 76.
Knüppel 19, 43. 86, 91, 108, 109, 121, 125 128.
— Putzen der 52.
Kohlendioxyd 46.
Kohlenoxyd 30, 46, 99.
Kohlenoxydflamme 65, 117.
Kohlenstoffgehalt 24, 25, 29, 113.
— Wanderung des 106.
Kohlenstoffstähle 125.
Kokillen, Abschrecken der 31.
— Abschreckwirkung der 22.
— Achtecks- 53.
— Anpacken der 31.
— Anstrich der 29, 66, 97.
— aufklappbare 30, 32, 33, 44, 45, 49, 70, 78, 91, 92.
— Ausfressen der 75, 76.
— Ausfütterung der 97.
— aus Hämatit-Roheisen 59.
— aus Stahl 60.
— Bedienung der 92.
— Behandlung der 29.
— Bodeneinsatz der 56.
— dicke 92.
— dünne 33.
— einteilige 78.
— Erwärmung, zulässige der 35.
— flache 48, 79.
— Fehler der 61, 76.
— Form der 7, 95.
— für Tiegelstahl 59.
— gefütterte 51.
— gußeiserne 35.
— kegelförmige 34.
— kleine 66.
— Kosten und Haltbarkeit der 30, 58—61, 87.
— Krümmung der 54.
— Krümmungsradius der 53.

Kokillen, Kühlen der 25, 31, 32.
— Kühlwirkung der 6, 7, 11, 53, 55.
— lange 81.
— Steigung beim Gießen 32.
— parallelwandige 15, 39, 41, 81.
— Prüfung der 62.
— quadratische 4.
— Reinigen der 30.
— Risse in den 30.
— Rosten der 46, 51, 100.
— runde 49, 52.
— Sandzusatz in die 80.
— Sechsecks- 54.
— Schmelzen der 33—36.
— Spannungen in den 29, 39, 58.
— Temperaturverschienheiten in den 79.
— Verbund- 77, 79.
— Verbrauch der 30, 31, 60, 79.
— Verjüngung der 39—41, 81.
— — nach oben 87, 98.
— — nach unten 93, 94.
— Verschmieren der 97.
— Vielecks- 53.
— Vorwärmen der 25, 31, 32.
— Wasserkühlung der 31, 32, 81.
— Zusammenpassen der 59.
— Zusammensetzung, chemische der 78.
Kokillenboden, halbkugelförmig 55.
— konkav 55.
Kokillenstärke und Transkristallisation 37.
Konstrukteure 82.
Kosten, Gestehungs- 34, 58, 60, 85.
Kreissägen, Fehler in 122.
Kriegsgeräte 8.
Kristallanordnung 133, 134.
Kristallbildung in ruhigen und treibenden Blöcken 100, 101.
Kristalle, dünne 9.
— freie 23, 24, 81, 108, 109, 110.
— in die Länge gezogen 128.
— langstrahlige 6, 10, 18, 19, 23, 107, 110.
Kristallebene 97.
Kristallinische Körper 4.
Kristallisationszentren 22.

Kristallitgrenze, Festigkeit in 127.
Kristallwachstum in Blöcken 5.
Kruste, Durchbrechen der 98.
Kruste, Mittel gegen das Ankleben der 66.
— von Eisenoxyd 66, 80.
Krustenbildung 12, 55, 74, 75.
Kugellager, Fehler in 122.
Kugeln, Fehler in 122.
Kühlwirkung 8, 40.
— der Kokille 6, 7, 11, 53, 55.
Kurbelwellen, Fehler in 122, 123.
LängsschnittvonBlöcken 15,111,124.
Lehmstücke, Versuche mit 49.
Leitfähigkeit der kristallisierenden Flüssigkeit 10.
Lochen über den Dorn 51.
Lückenstellen 17, 18.
Luftblasen 100, 122.
Lufthärtende Stähle 52.
Lunker 1, 2, 10—20, 99.
— Folgen von 122—126.
— Oxydation in 41
— primärer 10, 16, 39, 41, 111.
— sekundärer 16, 39, 460, 41.
— Seigerungen im 128.
— Tonerde im 116.
— und Gießgeschwindigkeit 67.
— und Kokillenform 48, 79.
— und hohe Warmhauben 83.
— Vermeiden von 86, 92, 95.
— versteckter 73, 104.
— Zusammenschweißen von 41, 42, 86, 87, 111.
Lunkerwände 111.

Magnesitmuschel 69.
Massenstahl 58, 67.
Meißelstahl 100.
Messerschläger, Sheffielder 99.
Messing 3.
— Fehler in 123.
Mittelstreifen weiche und harte 43.
Moletten 52.
Muschel 69.
— beschädigte 102,
Mushetstahl 80.
Mutterlauge 22, 24, 105—109.

Nachfließen beim Erstarren 73.
Nachfüllen 73.
Nachgießen 80, 81, 104.
Naht, Längs- 35, 48.
Nickelchromstahl 131.
Nickelstahl 28, 124, 131.
— Faser in 113.
Oberfläche, Blasen unter der 102.
— der Blöcke 42, 64, 113.
— Fehler an der 132.
— glatte 62.
— Oxydation der 41, 79, 80.
— rauhe 74.
Oberflächenstreifen 134.
— unreine 33—36, 52, 76.
Ofen, kippbarer 62, 63.
Ofengröße 62, 63.
Ofenrinne 118.
Ofenschlacken als Einschlüsse 118.
Oxydation 41, 54, 65, 66, 102, 121.
— des Gießstrahles 65.
— der Hohlräume 57.
— durch Luft 65.
Oxyde, geschmolzene 66.
Oxydschichte 46, 79.
— als Ursache von Gasblasen 102.

Parallele Wände der Blöcke 3, 39, 42, 48.
Pech, Einwerfen von 27.
Pfanne, Gieß- 61, 62, 66, 67, 68, 70, 104, 115, 120.
Pfannenbär 20.
Pfanneninhalt 63.
Pfannenrinne 118.
Pfannenstopfen 67, 70, 71, 117, 121.
Phosphorgehalt 123.
Poliermittel als Ursache des Grindes 115.
Poröse Stellen in der Blockachse 16.
— Massen beim Walzen 109.
Pressen, Zusammen- der Blöcke 79 bis 92.
Primärkristallitätzung 120.
Primärkristallite 110, 120, 123.
Primärkritallitgefüge,Verhalten beim Schmieden 134.
Proben 5.

Sachverzeichnis.

Proben verschiedener Richtung 128 bis 133.
Probestäbe 110, 126.
Prüfmaschinen 89.
Puddelstahl 113.
Putzen der Blöcke 52.
Pyramide 7.
— Boden- 5, 8, 15, 24.
Pyrometer 1, 65.

Quadratblöcke 48—53.
Quecksilber 27, 36.
Querrisse 45.
Querschliffe 121.
Querschnitte 20, 50.

Radreifen 53, Fehler in 122, 123.
Rand, erstarrter bei ruhigem und unruhigem Stahl 100.
Randblasen 66, 108, 132.
Randschichte 10, 22, 28.
— Ablösen der erstarrten 87.
Rauch, roter von Eisenoxyd 65.
Reißen 27, 44, 50, 85, 97, 109, 124, 133.
— im Gesenk 102.
— des Kernes 77, 50.
— Temperatur beim 37.
Reißgefahr und Querschnittsform der Blöcke 50.
Restmetall beim Vergießen 78.
Risse 2, 3, 19, 25, 27, 56, 63, 67, 76, 92, 123, 126, 127, 130, 131.
— beim Schmieden 45, 53, 82, 87, 116, 124.
— beim Walzen 45, 72, 87.
— im Schnelldrehstahl 82.
— Längs- 54, 123, 131, 234.
— Quer- 36, 45, 49.
— Schwindungs- 20.
— Spannungs- 6, 16.
Robinson und Rüger, Vorrichtung von 92.
Roheisen 106.
Roheisenmischer 105.
Rotbruch 111
Rundblöcke 53, 54.
Rundknüppel 53.
Rundstäbe 124, 125.
Rüstanstrich der Kokillen 29.

Sägeblätter, Fehler in 42, 48.
Sandstellen 97.
Sandzusatz in die Kokille 80.
— Zuwerfen mit 94.
Schamotte 83. 111.
Schamotteform 110.
Schamottehaube 96.
Schamottemusche 69.
Scheiben 133, 134.
— Absägen der 8.
— gestauchte 132.
Scherkräfte 124.
Schichtenweises Erstarren 106.
Schieferbruch 103.
Schienen 85.
— Fehler in 122.
Schiffswellen 51, 53, 134.
Schlacken 29, 128, 132.
— Löslichkeit der 57, 119.
— nicht sichtbare 113.
— Ofen- 118, 119.
— Zusammensetzung, chemische, der 118.
Schlackenbildung, Vermeidung von 117, 118.
Schlackeneinschlüsse 20, 54, 113, 121, 131.
Schlackenstreifen 128.
Schlackenteile 8, 20.
Schlackenzeilen 127.
Schlagen 79.
Schlagende Werkzeuge 131.
Schlittschuhstahl 77.
Schmelzhütte 123.
Schmelzungen, Zahl der mit einer Kokille 58, 92.
Schmieden von Blöcken mit Aluminiumzusatz 116.
— von Blöcken mit Seigerungen 110.
— Einfluß der Primärkristallisation auf 132.
— von faserigen Blöcken 133.
— Risse beim 45, 53, 72, 81, 82, 116, 124, 132.
— von Rundblöcken 33, 124.
— Zusammenschweißen von Hohlräumen beim 41, 42, 86, 87.
Schmutz absaugen aus der Kokille 97.

Sachverzeichnis.

Schnauze an der Kokille 32, 67, 96, 97.
Schneidkanten 99.
Schnelldrehstahl 52, 55.
— Fehler im 80, 126.
— Risse im 82.
Schnelldrehstahlfehler; Innenteile, Prüfung auf 125.
— -werkzeuge 44.
Schnitt, durchsichtiger 4.
Schrauben 124.
Schrott 28, 82, 114.
Schrumpfspannung 6.
Schruppen der Oberfläche 53.
Schwefeldioxydgeruch 105.
Schwefelfreies Metall 121.
Schwefelgehalt 123.
Schwefelverbindungen 105.
Schweißstahl, Klingen aus 99.
Schwindungserscheinungen 3, 46.
Schwindungshohlräume 2, 6, 8.
— Einfluß der Kokillenform auf 47.
— Folgen von 122, 125.
— im Flachblock 49.
Schwindungsrisse 20.
Sehne, Faser- 126.
Seigerungen 2, 20, 91, 105—112.
— an den Diagonalflächen 6, 8, 55.
— Folgen der 122—127.
— Gasblasen- 6, 8, 102.
— Grenzfälle der 106, 107.
— bei Harmetblöcken 91.
— durch heißes Gießen 24.
— und Kokillenform 55.
— Phosphor- 123.
— Schwefel- 123.
— Verlagerung, der durch Warmwalzen 123.
Seitenhohlräume 18.
Sheffielder Messerschläger 99.
Sicherheitskoeffizient 122.
Siemens-Martinstahl 29, 30, 32, 44, 59, 60, 93, 116.
Silikamaterial 51.
Silizium, Zusatz von 103, 114, 116, 117.
Spannungen 16, 87.
— der Kokille 58.

Spannungen, beim Erstarren 50.
Spannungsrisse 16, 24.
Spiralbohrer, Fehler im 122.
Spritzer, Folgen der 45, 65.
— Oxydation der 46, 56, 100.
— Vermeiden der 55, 57, 63, 64, 65, 70, 74, 94.
Stearin 1, 2, 3.
— Erstarrungspunkt des 3.
— Gasblasenerzeugung im 99.
— und Stahl 33.
Stearinblöcke 6, 46.
Steinboden, Gießen am 76.
Strecken von Blöcken mit Hohlräumen 28.
— Risse beim 224, 125, 134.
Streifen, Faser- 110.
— Mittel-, weicher und harter 42, 43.
Streifen, Oberflächen- 133.
— Schlacken- 128.
— von Seigerungen 106, 110.
Strippen, Hängenbleiben der Blöcke beim 3, 43, 61.
— mit Haken 98.
— Kühlen und Hitzen der Kokille beim 31, 32.
— Schwierigkeiten beim 36, 44, 51, 72, 98.
Sumpf 55.

Talbotverfahren 109.
Teeranstrich der Kokillen 29, 66, 97.
Temperatur, Gieß- 20—29.
Temperaturmessung 1, 65.
Temperaturunterschiede in Blöcken
— in Kokillen 32, 79, 84.
— Wärmeströmungen durch 106.
— -verteilung im Block 76.
Thomasverfahren 32, 44.
Tiefsätzungen 18.
Tiegelstahl 1, 28, 113.
— Gasblasen im 103.
— Gießen schwerer Blöcke von 70.
— Hohlräume im 16.
— Kokillen für 32, 45, 92, 95.
Tieglstahlreaktion 114.
— und Elektrostahl, Vergleich 29, 62.

Tiegelstahlverfahren 44, 55, 60, 93, 94.
— Warmhauben für 82, 83.
Tonerde in Blöcken 115—119.
Tonring 115.
— als Warmhaube 80—85, 93—96.
Tontiegel 67.
Träger, Fehler im 122.
Transkristallisation, Gasblasen in Blöcken mit 102.
— und Gießgeschwindigkeit 97.
— und ihre Folgen 4—10, 20, 21, 24, 134.
— und Kokillenform 51.
— und Kokillenstärke 34—39.
— Vermeiden der 20—24, 28, 38.
Treiben des Stahles 126.
Turbinentrommel, Fehler in 122.
Überhitzung 134.
Überlappung 45, 97.
Uhrfedern 113.

Verbundkokillen 77.
Verbundblöcke 36.
Verjüngung des Blockes 39, 83, 84, 93.
— nach oben 102, 125.
— nach unten 47.
Verlorener Kopf 12, 15, 73, 81, 83, 98, 107.
Verunreinigungen 37, 92, 111, 116, 118.
Vieleckkokillen 53.
Vorblocken 97, 109.
Vorpressen 97.
Vorwärmen der Kokillen 31, 32.

Wagenfedern 131.
— Lunkeriger Stahl in 73.
Walzen, kalt 79.
— Risse beim 45, 53, 72, 87, 116.
— von Blöcken mit Hohlräumen 41, 42, 73.
— von halberstarrten Blöcken 108, 109, 121.
— von Rundblöcken 33.

Walzversuche 123.
Wanne 70, 71.
Warmbruch 37.
Wärmebehandlung 29, 87, 113, 120.
Wärmeleiter, schlechte 9.
Wärmeleitfähigkeit des Eisens 10.
Wärmofen 41, 134.
Wärmeströmungen 106.
Warmhauben 2, 16, 42, 43, 44, 58, 71, 79—85, 87, 92—97.
— aus Tonring 80—83, 85.
— Größe der 83.
Wasserkühlung der Kokille 31, 32, 81.
Weichglühen 53.
Wellen, Fehler in 122.
Wenden der Blöcke, Einrichtung zum 93, 94.
Werkzeuge, schlagende 131.
Werkzeugstähle 62.
Withworthverfahren 88.

Zahnräder 131.
Zeilen, Längs- 99.
— Schlacken- 127.
Zeilenförmige Schichten 107.
Zementstahl 113.
Zerreißprobe 25, 128, 132.
— Wert der 133.
Zerspanung 29.
Zerteilung des Gießstromes 102.
Zieheisen 124.
Zugbeanspruchung 50.
Zugspannung 32.
Zunder 113.
— Ablösen des 49.
Zusammenschweißen 123.
Zusammensetzung, chemische, des Stahles 20, 106, 113, 125.
— — des und Gießtemperatur 25.
— — von Seigerungen 105.
Zusammensinken des flüssigen Stahles 99.
Zusammenziehung des festwerdenden Blockes 16, 46, 91.

Verlag von Julius Springer in Berlin W 9

Die Edelstähle. Ihre metallurgischen Grundlagen. Von Dr.-Ing. F. **Rapatz,** Leiter der Versuchsanstalt im Stahlwerk Düsseldorf. Mit 93 Abbildungen. VI, 219 Seiten. 1926. Gebunden RM 12.—

Aus dem Inhalt:
Einleitung. — Verwendungszwecke der Edelstähle und Anforderungen an sie. — Eigenschaften, die für die leichte Verarbeitbarkeit zum Gebrauchsgegenstand erforderlich sind. — Gefügelehre. — Wärmebehandlung. — Die Edelstähle nach ihren verschiedenen Legierungsmetallen geordnet und beschrieben. — Erzeugung der Edelstähle. — Prüfungsverfahren der Stähle. — Fehler des Stahles.

Die Einsatzhärtung von Eisen und Stahl. Berechtigte deutsche Bearbeitung der Schrift "The Case Hardening of Steel" von Harry Brearley, Sheffield. Von Dr.-Ing. **Rudolf Schäfer.** Mit 124 Textabbildungen. VIII, 250 Seiten. 1926. Gebunden RM 19.50

Aus dem Inhalt:
Geschichtliches. — Einteilung der einfachen Stähle (Kohlenstoffstähle). — Gefügeänderungen im Kern eines eingesetzten Stahls. — Sehne und Schichtenbildung im Kern eines einsatzgehärteten Stahls. — Eigenschaften und Fehler der einsatzgehärteten Außenschicht. — Arbeiten in der Einsatzhärterei. — Einsatzstähle. — Kohlungsmittel. — Automobilstähle. — Härten und Anlassen. — Oberflächenhärtung ohne Zementation. — Prüfungsverfahren. — Abhandlungen.

Die Werkzeugstähle und ihre Wärmebehandlung. Berechtigte deutsche Bearbeitung der Schrift "The heat treatment of tool steel" von Harry Brearley, Sheffield. Von Dr.-Ing. **Rudolf Schäfer.** Dritte, verbesserte Auflage. Mit 226 Textabbildungen. X, 324 Seiten. 1922. Gebunden RM 12.—

Die Konstruktionsstähle und ihre Wärmebehandlung. Von Dr.-Ing. **Rudolf Schäfer.** Mit 205 Textabbildungen und 1 Tafel. VIII, 370 Seiten. 1923. Gebunden RM 15.—

Über Dreharbeit und Werkzeugstähle. Autorisierte deutsche Ausgabe der Schrift: "On the art of cutting metals" von Fred. W. Taylor, Philadelphia. Von Prof. **A. Wallichs,** Aachen. Vierter, unveränderter Abdruck. 5. und 6. Tausend. Mit 119 Figuren und Tabellen. XII, 231 Seiten. 1920. Gebunden RM 8.40

Verlag von Julius Springer in Berlin W 9

Das technische Eisen. Konstitution und Eigenschaften. Von Professor Dr.-Ing. **Paul Oberhoffer,** Aachen. Zweite, verbesserte und vermehrte Auflage. Mit 610 Abbildungen im Text und 20 Tabellen. X, 598 Seiten. 1925. Gebunden RM 31.50

Die natürliche und künstliche Alterung des gehärteten Stahles. Physikalische und metallographische Untersuchungen. Von Dr.-Ing. **Andreas Weber,** München. Mit 105 Abbildungen im Text und auf 12 Tafeln. IV, 77 Seiten. RM 7.50; gebunden RM 9.—

Handbuch der Eisen- und Stahlgießerei. Unter Mitarbeit von zahlreichen Fachleuten herausgegeben von Dr.-Ing. **C. Geiger,** Düsseldorf. Zweite, erweiterte Auflage.
Erster Band: **Grundlagen.** Mit 278 Abbildungen im Text und auf 11 Tafeln. X, 661 Seiten. 1925. Gebunden RM 49.50
Zweiter Band: **Formerei.** Von **Carl Irresberger,** Gießereidirektor a. D. Mit etwa 800 Textabbildungen. Erscheint im Herbst 1926

Die Formstoffe der Eisen- und Stahlgießerei. Ihr Wesen, ihre Prüfung und Aufbereitung. Von **Carl Irresberger.** Mit 241 Textabbildungen. V, 245 Seiten. 1920. RM 10.—

Die Herstellung des Tempergusses und die Theorie des Glühfrischens nebst Abriß über die Anlage von Tempergießereien. Handbuch für den Praktiker und Studierenden. Von Dr.-Ing. **Engelbert Leber.** Mit 213 Abbildungen im Text und auf 13 Tafeln. VIII, 312 Seiten. 1919. Gebunden RM 18.—

Kupolofenbetrieb. Von **Carl Irresberger.** Zweite, verbesserte Auflage. (5. bis 10. Tausend.) Mit 63 Figuren und 5 Zahlentafeln. 55 Seiten. 1923. (Werkstattbücher, Heft 10.) RM 1.50

Die Windführung beim Konverterfrischprozeß. Von Professor Dr.-Ing. **Hayo Folkerts,** Aachen. Mit 58 Textabbildungen und 34 Tabellen. VI, 160 Seiten. 1924. RM 13.20; gebunden RM 14.10

Leitfaden für Gießereilaboratorien. Von Geh. Bergrat Professor Dr.-Ing. e. h. **Bernhard Osann,** Clausthal. Zweite, erweiterte Auflage. Mit 12 Abbildungen im Text. IV, 62 Seiten. 1924. RM 2.70

Die Selbstkostenberechnung in der Gießerei. Grundsätze, Grundlagen und Aufbau mit besonderer Berücksichtigung der Eisengießerei. Von **Ernst Brütsch.** Mit 6 Tabellen. Erscheint im Sommer 1926

MIX
Papier aus verantwortungsvollen Quellen
Paper from responsible sources
FSC® C105338

If you have any concerns about our products,
you can contact us on
ProductSafety@springernature.com

In case Publisher is established outside the EU,
the EU authorized representative is:
**Springer Nature Customer Service Center GmbH
Europaplatz 3, 69115 Heidelberg, Germany**

Printed by Libri Plureos GmbH
in Hamburg, Germany